激光相干探测应用理论方法

胡以华 著

科学出版社

北京

内 容 简 介

本书围绕目标高性能探测领域激光相干探测的新兴应用问题，介绍了相关理论与方法。全书共 5 章，包括激光相干探测理论基础、大气扰动的激光相干探测、距离速度的啁啾调幅激光相干探测、微多普勒效应的激光相干探测以及面向合成孔径的激光相干探测。

本书可供从事激光探测、光电信息获取、目标探测与识别、激光技术等领域的科学研究和工程技术人员参考，也可以作为光学工程、电子信息工程等专业教师、研究生和高年级本科生的参考用书。

图书在版编目(CIP)数据

激光相干探测应用理论方法/胡以华著. —北京：科学出版社，2022.12
ISBN 978-7-03-073975-9

Ⅰ.①激⋯　Ⅱ.①胡⋯　Ⅲ.①激光探测–相干探测–研究　Ⅳ.①TN247

中国版本图书馆 CIP 数据核字(2022)第 226835 号

责任编辑：蒋　芳/责任校对：杨聪敏
责任印制：赵　博/封面设计：许　瑞

科 学 出 版 社 出版
北京东黄城根北街 16 号
邮政编码：100717
http://www.sciencep.com
北京建宏印刷有限公司印刷
科学出版社发行　各地新华书店经销
*
2022 年 12 月第 一 版　开本：720×1000　1/16
2024 年 5 月第三次印刷　印张：11 1/2　插页：4
字数：232 000
定价：159.00 元
(如有印装质量问题，我社负责调换)

序

信息化和智能化时代，人们需要时刻感知周围的世界，感知得越准确越可靠越迅速越好。激光探测作为一种主动非接触探测方式，能够远距离快速获取目标更多的信息，因为其波长短、波束窄，能够实现更高的测量精度，同时还具有更好的抗干扰能力而使信息感知更可靠，已成为一种备受关注的信息获取手段，在军事、遥感、航天等领域受到广泛的重视，得到了快速的发展，并实现了诸多应用。

激光相干探测是激光探测的前沿方向，因为检测的是受目标调制的光载波信息而不仅仅是光强度信息，它具有转换增益高、滤波性能好、可检测信息特征多、灵敏度高等优点，相比于激光直接探测，在目标探测的高精度应用中具有重要价值。激光相干探测通过对激光回波光频和相位的变化检测，测量硬软目标的距离、运动速度和微动状况；通过准确锁定吸收波长处的回波光强检测，测量气体和颗粒物目标的吸收参数而确定其成分；通过多波束相干回波的融合处理，实现对目标的合成孔径成像。基于工作原理，激光相干探测对激光源相干性要求高，目标回波的相干性受到诸多因素影响，信号检测和处理难度大，技术实现较为困难。因此，国内外诸多学者都围绕激光相干探测的实际应用所涉及的相关理论与技术问题开展研究，未来激光相干探测必将有更大的发展空间和广阔的应用前景。

时光荏苒，胡以华教授进入我们团队开拓激光探测技术研究已经近三十年。20世纪90年代初，我有幸请他参加我组织的"机载三维成像仪"（国家863计划308主题）项目研究，突破基于激光直接探测的对地扫描测距技术，率先研制出机载激光-红外组合遥感成像系统。以此为基础，他参与我国月球探测工程，研制出"嫦娥一号"卫星的核心载荷激光高度计，这是我国首个空间激光遥感系统，建立了当时全球最优的月球全表面数字高程模型。随后，他在新的工作岗位上结合自身任务需要，将激光探测技术应用到运动目标探测，除了进一步深入开展激光直接探测，发展了对空中目标的三维成像之外，还带领团队在激光相干探测方面进行研究，将激光相干探测用于更高精度的运动目标测量。通过二十多年的努力，在目标探测、目标精确测距测速、目标微动特征探测、目标高分辨率合成孔径成像探测方面，他们团队取得了国内外开创性的研究成果，逐步发展出目标探测新手段。

《激光相干探测应用理论方法》一书是胡以华教授带领团队在激光相干探测理

论和应用方面研究成果的总结，重点阐述运动目标大气扰动探测、高速运动目标测距测速、微多普勒效应探测、合成孔径成像这四个激光相干探测的关键技术，并介绍了一系列的实验室实验、外场验证实验及部分应用，所举案例大多来自作者团队第一手的研究，非常适合相关领域的研究人员、高校师生和工程技术人员参考阅读。

激光相干探测应用路漫漫，目前国内外尚缺乏这方面的系统理论和技术专著。我相信该书的出版将丰富激光相干探测理论，是一个很有价值的尝试，对于开展激光相干探测应用研究具有重要的参考价值，也希望作者团队能够在该方向继续深入研究，取得更多更好更高的研究成果。

中国科学院院士
中国科学院上海技术物理研究所研究员
2022 年 5 月

前　　言

　　激光是人类继半导体、核能之后的又一重大发明。利用激光的高相干性、窄光束等优良特性，人们将激光用于目标信息的主动获取而发展形成激光探测，在科学研究、深空探测、环境监测、海洋探测、森林调查、地形测绘、军事等领域得到广泛应用。例如：在地球科学领域，用于大气、陆地、海洋探测等；在航天领域，用于星地遥感、星间测距、碎片探测和空中交会对接等；在环境与气象领域，用于颗粒物、污染成分、能见度和宁静度探测；在测绘和资源领域，用于生成数字高程模型、地形测绘和林木蓄积量调查；在军事应用领域，用于侦察成像、空间监视、目标测量、障碍回避、水下目标探测、化学/生物战剂探测等。

　　激光探测按照探测技术体制可分为直接探测和相干探测两类。直接探测将激光信号强度直接转换成电信号，光电探测器输出的电信号幅度正比于接收的光功率，目标信息包含在信号幅度及其飞行时间中。相干探测将激光回波信号与本振光信号在探测器上进行相干混频，输出中频信号，目标信息调制在中频信号中，通过处理中频信号得到目标的相关信息。相干探测由于引入本振信号提高了探测灵敏度，降低了最小可探测功率，且可以得到激光回波的相位与频率变化，因而激光相干的精确测量能力优于直接探测，具有灵敏度高、可检测信息特征多、转换增益高等优点，可实现目标高精度探测识别。激光相干探测越来越受到重视，成为国内外的研究热点之一。但激光相干探测系统结构复杂，对光源相干性要求较高，探测平台、传输通道中大气、目标本体对激光回波相干性影响较严重，从微弱信号中提取目标调制的光频信息存在诸多难点，导致其在激光探测中应用还不够多。

　　作者长期从事目标激光探测方面的研究工作，先后主持完成了多项国家、军队研究项目。从机载激光测距开始，研究了激光直接探测技术，研制出我国首个空间激光遥感系统"嫦娥一号"卫星激光高度计，进而发展出对目标的激光三维成像系统。与此同时，作者带领团队在激光相干探测领域进行了较深入的研究，积累了大量第一手资料，发表了一系列研究论文，申请了一批相关专利，研制出实验或应用系统。作者整理团队在激光相干探测方面多年的研究成果撰写此书，旨在系统阐述面向目标探测的激光相干探测理论方法。

　　本书共分为5章，重点阐述大气扰动探测、测距测速、微多普勒效应探测、合成孔径探测中的激光相干探测理论方法研究成果。第1章为激光相干探测理论基础，主要介绍激光相干探测基础知识、原理、主要指标及特点、应用现状及典型系统。第 2 章为大气扰动的激光相干探测，从运动目标产生的大气 CO_2 扰动和风场扰动激光相干探测两个方面，按照探测原理、探测系统、实验验证思路进行叙述。第 3 章为距离速度的啁啾调幅激光相干探测，主要介绍啁啾调幅激光相干雷达测距测速的原理、方法和系统。第 4 章为微多普勒效应的激光相干探测，阐述微多普勒效应激光相干探测建模，以及基于时频分析的微动特征快速提取和基于信号模型的微动参数估计方法。第 5 章为面向合成孔径的激光相干探测，介绍合成孔径激光雷达探测原理、成像算法、相位补偿算法，以及合成孔径激光雷达实验系统及实验验证。

本书的研究工作是作者带领团队在国防科技大学电子对抗学院(原解放军电子工程学院)和中国科学院上海技术物理研究所完成的。在此过程中，薛永祺院士、郭光灿院士、黄维院士、王立军院士、王巍院士、刘文清院士、樊邦奎院士、王建宇院士等专家给予了悉心指导和大力支持，并对本书稿提出了非常宝贵的意见和建议。作者的研究工作一直得到电子对抗学院领导、机关和团队人员的支持和帮助，电子对抗学院雷武虎教授、郝士琦教授、赵楠翔副教授、杨星副研究员，以及上海技术物理研究所舒嵘研究员、黄庚华研究员、洪光烈研究员等同志为研究做出了很大的贡献和支撑。研究团队的其他成员，以及作者指导的十多名研究生参与完成了部分研究工作。在本书撰写过程中，陆文副教授、石亮博士、董骁博士、夏宇浩硕士等参与了资料收集和文字整理工作。在此对所有支持、关心和帮助我们的人员致以衷心的感谢。本书参考了诸多有价值的中外文献，对文献的作者表示诚挚的谢意。科学出版社对本书的编写和出版给予了热情的支持，对此深表感谢。

本书只是涉及激光相干探测研究的冰山之一角，有些问题还待进一步深入研究，加之作者知识水平有限，书中难免存在不足之处，敬请读者批评指正。

胡以华

2022 年 5 月于合肥

目　　录

彩图

第1章　激光相干探测理论基础

激光被誉为"神奇之光"。从 1916 年爱因斯坦提出"受激辐射"理论，到 1960 年人类获得第一束激光，激光至今已有了上百年历史。激光的优点非常明显：方向性好、发散角非常小，亮度极高、能量密度大，颜色极纯、单色性好，相干性好。激光相干探测是激光探测的主要方式之一。相比于直接探测方式，激光相干探测具有转换增益高、滤波性能良好、可检测信息特征多、灵敏度高等优点，在目标高精度探测中得到越来越广泛应用。本章从激光探测基本概念入手，介绍激光相干探测基本原理、主要指标、特点以及典型应用。

1.1　激光探测概述

如同核能、半导体，激光是人类的又一项重大发现。激光英文名为 Laser，是 light amplification by stimulated emission of radiation 的首字母缩写，意思是"通过受激辐射光放大"，这已经完全表达产生激光的主要过程：原子受激辐射的光。

通常将利用激光器作为辐射源进行目标探测的雷达称为激光雷达，激光雷达是典型的激光探测系统。激光雷达以激光作为载波，用其振幅、波长、相位或偏振来搭载信息，再配合以不同的收发体制，最终实现目标探测功能[1]。

光和微波同属于电磁波，因此激光雷达和微波雷达两者在探测原理上并无本质差别，不同之处仅在于激光波长远小于微波，激光的产生、发射、调制、接收方式与微波有较明显差异。相对微波雷达探测，激光雷达探测的主要优点包括[2]：

(1)具有极高的角分辨能力。按照瑞利判据，分辨率与波长成正比，与接收孔径成反比。激光雷达波长主要在近红外、可见光及紫外等波段，远小于微波，即使采用小的接收孔径也能获得极高的分辨率。

(2)具有极高的距离分辨能力。如脉冲测距法，由于激光脉冲宽度可做到皮秒量级，对应距离分辨率为毫米级。同时激光波束窄、足印小，也有助于提高距离分辨率。

(3)多普勒测速分辨率高。当目标在雷达视线方向进行相对运动时，所接收到回波产生的多普勒频移的大小与波长成反比。由于激光雷达波长远小于微波，因而其多普勒频移范围更大，可实现极高的速度分辨率。

激光探测目标类型不同，主要分为两类：一种是"软"目标探测，依靠大气的后向散射，探测激光传输路径中大气物质的性质，如大气成分测量、风场测量、湍流测量等；另一种是"硬"目标探测，依靠目标表面对激光的反射，探测目标本体属性等，例如运动目标侦察。

激光探测按照探测方式不同，又分为直接探测和相干探测两种。直接探测将激光信号直接转换成电信号，光电探测器输出的电信号幅度正比于接收的光功率，不要求信号具有相干性，因此这种探测方法又称为非相干探测。相干探测利用回波信号和本振信号两个激光信号在光频段进行混频实现中频外差信号输出。与直接探测相比，相干探测不仅能获取光信号的强度，还能获取频率、相位等信息。

当前激光探测以它的高测量精度、精细的时间和空间分辨率以及较远的探测距离，成为一种重要的目标主动遥感探测方式，在民用、军事领域具有广阔的应用前景。在民用领域，激光探测主要用于气象、海洋、环境、测绘、深空探测等方面[3]。在军事领域，激光探测主要用于激光侦察，包括目标测距、测速、成像识别、跟踪瞄准、精确制导等方面[4]。激光相干探测作为激光探测技术发展的重要方向，在各种目标探测领域正发挥着越来越重要的作用。

1.2　激光相干探测原理

激光相干探测相比于直接探测方式，不但可以获得探测对象的光回波强度信息，还能获得光回波的相位和频率信息。本节将主要从光电探测器平方律特性和探测信号表征两个方面介绍激光相干探测原理。

1.2.1　光电探测器平方律特性

激光相干探测是利用光电探测器的平方律特性，实现光信号的相干混频。光电探测器将接收到的回波信号转换为电信号，探测器输出的光电流 $i_D(t)$ 与回波功率 $P(t)$ 成正比，即 $i_D(t) = \alpha P(t)$，其中 t 为时间，α 为光电探测器的转换系数(响应率)。

假设一个线偏振光波的电场为 $e(t) = E\cos(2\pi ft + \varphi)$，其中 E 为信号光光场振幅，f 为信号光频率，φ 为初始相位。由于光的振动周期远远小于探测器的响应时间，探测器无法响应光频分量，只能响应光信号的平均能量或平均功率。平均光功率 P 可以表示为

$$P = \overline{e^2(t)} = E^2\overline{\cos^2(2\pi ft + \varphi)} = \frac{E^2}{2}\overline{[1 + \cos(4\pi ft)]} = \frac{E^2}{2} \tag{1-1}$$

式中，$\overline{e^2(t)}$ 表示 $e^2(t)$ 的平均值，那么光电探测器输出光电流 I 为

$$I = \alpha P = \frac{\alpha E^2}{2} \tag{1-2}$$

若探测器的负载电阻为 R_L，则光电探测器输出的电功率为

$$P_e = I^2 R_L = \alpha^2 R_L P^2 \tag{1-3}$$

式 (1-2) 说明，光电探测器输出的光电流正比于光场振幅的平方；式 (1-3) 说明，光电探测器输出的电功率正比于入射光功率的平方。这就是光电探测器的平方律特性。

1.2.2　激光相干探测信号表征

激光相干探测将待测的信号光和本振光同时入射到光电探测器的光敏面上，形成光的干涉图样，光电探测器响应两束光的干涉光场，从而输出光混频所转换的光电流。光电流信号不仅与入射光的强度有关，还与其频率和相位相关。图 1.1 为激光相干探测的原理示意图。

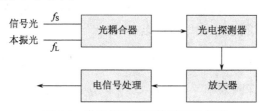

图 1.1　激光相干探测的原理示意图

设信号光电场为 $e_S(t)$，本振光电场为 $e_L(t)$，均为线偏振光且偏振方向相同，如下所示：

$$e_S(t) = E_S \cos(2\pi f_S t + \varphi_S) \tag{1-4}$$

$$e_L(t) = E_L \cos(2\pi f_L t + \varphi_L) \tag{1-5}$$

式中，E_S 和 E_L 分别为信号光和本振光的振幅；f_S 和 f_L 为信号光和本振光的频率；φ_S 和 φ_L 为信号光和本振光的初始相位。在满足相干条件下，两束光同方向入射到光电探测器上且完全匹配，光电探测器光敏面上的电场 $e_D(t)$ 为信号光和本振光的叠加，即

$$e_D(t) = E_S \cos(2\pi f_S t + \varphi_S) + E_L \cos(2\pi f_L t + \varphi_L) \tag{1-6}$$

由式 (1-2)、式 (1-6) 得到在探测器上引起的光电流 $i_D(t)$ 为

$$
\begin{aligned}
i_D(t) &= \alpha \overline{e_D^2(t)} = \alpha \overline{[e_S(t) + e_L(t)]^2} \\
&= \alpha \overline{[E_S \cos(2\pi f_S t + \varphi_S) + E_L \cos(2\pi f_L t + \varphi_L)]^2} \\
&= \alpha \overline{E_S^2 \cos^2(2\pi f_S t + \varphi_S) + E_L^2 \cos^2(2\pi f_L t + \varphi_L) + 2 E_S E_L \cos(2\pi f_S t + \varphi_S)\cos(2\pi f_L t + \varphi_L)}
\end{aligned} \tag{1-7}
$$

由于光电探测器的带宽限制，上式可以简化为

$$i_D(t) = \frac{1}{2}\alpha E_S^2 + \frac{1}{2}\alpha E_L^2 + \alpha E_S E_L \cos[2\pi(f_S - f_L)t + (\varphi_S - \varphi_L)]$$
$$= \alpha(P_S + P_L) + 2\alpha\sqrt{P_S P_L}\cos[2\pi(f_S - f_L)t + (\varphi_S - \varphi_L)] \quad (1\text{-}8)$$

式中，P_S、P_L 分别为由式(1-1)得到的信号光和本振光的功率，即 $P_S = E_S^2/2$、$P_L = E_L^2/2$。从式(1-8)可知，光电探测器的光电流由两部分组成，第一项为直流功率项，第二项为差频项。信号光和本振光的频率差称为中频频率 f_{IF}，即 $f_{IF} = f_S - f_L$。当 $f_S \neq f_L$ 时，为外差探测；当 $f_S = f_L$ 时，为零差探测。$f_S \neq f_L$ 时，探测器输出的中频电流为

$$i_{IF}(t) = 2\alpha\sqrt{P_S P_L}\cos[2\pi(f_S - f_L)t + (\varphi_S - \varphi_L)] \quad (1\text{-}9)$$

上述激光外差中频电流表达式是理想情况下的结果，在本振与回波信号光场完全匹配的情况下成立，要求光斑大小相同且重合、光束波前匹配、照射到探测器上的入射角相同、光束偏振态相同。但在实际过程中，要做到完全的空间相位匹配是不可能的，实际的中频电流可以表示为

$$i_{IF}(t) = 2\alpha\eta_h\sqrt{P_S P_L}\cos[2\pi(f_S - f_L)t + (\varphi_S - \varphi_L)] \quad (1\text{-}10)$$

式中，η_h 表示相干探测效率，$\eta_h = \eta_C\cos\gamma$，$\eta_C$ 反映由于光束不匹配(除偏振匹配)造成的相干效率下降，$\cos\gamma$ 则为两光束偏振方向不平行造成的相干效率下降，γ 为本振与回波偏振方向的夹角。

由式(1-10)可以看出，频率 $f_S - f_L$ 和相位 $\varphi_S - \varphi_L$ 都随信号光的频率和相位成比例地变化，探测器输出的中频信号电压 $v_{IF}(t)$ 为

$$v_{IF}(t) = 2\alpha\eta_h R_L\sqrt{P_S P_L}\cos[2\pi(f_S - f_L)t + (\varphi_S - \varphi_L)] \quad (1\text{-}11)$$

式中，R_L 表示负载电阻。中频输出有效信号功率 P_{IF} 是瞬时中频功率在中频周期内的平均值，表示为

$$P_{IF} = \frac{\overline{v_{IF}^2(t)}}{R_L} = 2\alpha^2\eta_h^2 P_S P_L R_L \quad (1\text{-}12)$$

1.3　激光相干探测的信噪比

1.3.1　光电探测器的噪声

光信号入射到光电探测器上时的随机起伏以及光电子产生和收集过程中的统计特性，使得光电流中不仅包含信号成分，还包含噪声成分。其噪声主要包括散

粒噪声、热噪声以及 $1/f$ 噪声，此外还包括暗电流噪声、背景噪声以及倍增噪声等[5]，光电系统中的噪声源如图 1.2 所示。

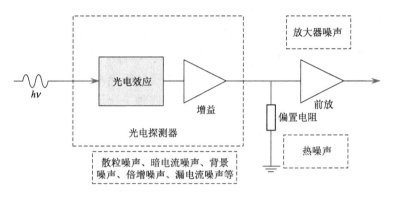

图 1.2　光电系统中的噪声源

h：普朗克常量；v：激光频率

(1) 散粒噪声。光电探测器的光电转换过程为一个光电子计数的随机过程，光电流为这一过程的统计结果，电流随机起伏，随机起伏的单元为电子电荷。散粒噪声为这一随机起伏的结果，散粒噪声功率谱为 $g(f) = eIM^2$，式中 I 为探测器平均电流，M 为探测器内增益，e 为电子电量。散粒噪声功率谱不随频率变化，为一白噪声。对于带宽为 B、连接偏置电阻为 R_L 的光电探测器，散粒噪声电流 i_N 与电压 v_N 表示为

$$i_N = \sqrt{eIBM^2}, \quad v_N = \sqrt{2eIBR_L^2M^2} \tag{1-13}$$

(2) 热噪声。探测器等效电阻 R 中自由电子的随机热碰撞将在电阻两端产生随机起伏的电压，即电阻热噪声，其功率谱为 $g(f) = 2kT/R$，热噪声也是白噪声。其中 k 为玻尔兹曼常量，$k=1.380649\times10^{-23}$ J/K，T 为探测器温度。热噪声电流 i_N 与噪声电压 v_N 表示为

$$i_N = \sqrt{4kTB/R}, \quad v_N = \sqrt{4kTRB} \tag{1-14}$$

(3) $1/f$ 噪声。$1/f$ 噪声主要出现在 1 kHz 以下的低频，而且功率谱与频率成反比，此种噪声源于探测器表面工艺的缺陷，在低频段为主导噪声。

(4) 暗电流噪声。无光入射时，由探测器内部热效应随机产生空穴-电子对而导致的散粒噪声。影响暗电流大小的因素包括器件材料、偏置电压以及工作温度。

(5) 倍增噪声为雪崩光电二极管倍增过程中随机产生的附加噪声，随倍增增益提高而增大。在雪崩光电二极管中暗电流被倍增，影响更大。

(6) 漏电流噪声为器件表面缺陷所致，与探测器表面积大小和偏置电压有关。

(7) 背景噪声指光信号中的背景光产生的噪声。

1.3.2　相干探测的信噪比

直接探测方式下，光电探测器输出的信号功率为 $P_E = i_S^2 R_L = \alpha^2 P_S^2 R_L$，$i_S$ 为信号光电流，α 为探测器的响应率，R_L 为负载电阻，P_S 为信号光功率。输出噪声功率为 $P_N = \overline{i_N^2} R_L = (\overline{i_{NS}^2} + \overline{i_{NB}^2} + \overline{i_{ND}^2} + \overline{i_{NT}^2}) R_L$，式中 $\overline{i_{NS}^2}$、$\overline{i_{NB}^2}$、$\overline{i_{ND}^2}$、$\overline{i_{NT}^2}$ 分别为信号光、背景光、探测器暗电流的散粒噪声电流以及电阻热噪声电流的均方值。在四种信号不相干的情况下，总噪声电流的均方值就为四种电流均方值的和，四种电流分别可以表示为（B 为光电探测器电路带宽）

$$\overline{i_{NS}^2} = 2ei_S B，\quad \overline{i_{NB}^2} = 2ei_B B，$$
$$\overline{i_{ND}^2} = 2ei_{DC} B，\quad \overline{i_{NT}^2} = 4kTB / R_L \tag{1-15}$$

式中，$i_S = \alpha P_S$，P_S 为信号光功率；$i_B = \alpha P_B$，P_B 为背景杂散光功率；i_{DC} 为探测器暗电流。

因此探测器信噪比为

$$\frac{S_O}{N_O} = \frac{\alpha^2 P_S^2}{\overline{i_{NS}^2} + \overline{i_{NB}^2} + \overline{i_{ND}^2} + \overline{i_{NT}^2}} \tag{1-16}$$

当信噪比 $\left(\dfrac{S_O}{N_O}\right) = 1$ 时，即光信号功率 P_S 为系统的平均噪声等效功率 NEP (noise equivalent power)，所以有

$$\begin{aligned} NEP &= \frac{1}{\alpha}\left(\overline{i_{NS}^2} + \overline{i_{NB}^2} + \overline{i_{ND}^2} + \overline{i_{NT}^2}\right)^{1/2} \\ &= \frac{1}{\alpha}\left[2eM^2 B(i_S + i_B + i_D) + \frac{4kTB}{R_L}\right]^{1/2} \end{aligned} \tag{1-17}$$

如只存在光信号散粒噪声，则为直接探测的量子极限，此时有

$$\frac{S_O}{N_O} = \frac{\alpha^2 P_S^2}{2ei_S B} = \frac{\alpha P_S}{2eB} \tag{1-18}$$

于是可得

$$NEP = \frac{2eB}{\alpha} \tag{1-19}$$

对相干探测而言，光电探测器输出的噪声主要包括散粒噪声、探测器内阻热噪声以及本振光的相对强度噪声 (relative intensity noise)。因此探测器输出噪声功率 N_O 的计算公式为

$$N_O = 2eB[\alpha(P_S + P_L + P_B) + I_D] + 4kTB / R_D + \alpha^2 P_L^2 r_I^2 \tag{1-20}$$

式中，B 为探测器带宽；α 为探测器响应率；P_S 为信号光功率；P_L 为本振光功率；P_B 为背景杂散光功率；I_D 为探测器暗电流；R_D 为探测器内阻；r_I 为本振相对强度噪声比例系数，$r_I^2 \approx 2\mathrm{RIN} \times B$，RIN 为本振光的相对强度噪声谱。

式 (1-20) 中，第一项 $2eB[\alpha(P_S + P_L + P_B) + I_D]$ 为回波光信号、本振光信号、背景光信号以及暗电流的散粒噪声功率；第二项 $4kTB/R_D$ 为探测器热噪声功率；第三项 $\alpha^2 P_L^2 r_I^2$ 为本振光相对强度噪声功率。相干探测中信噪比的计算公式为

$$
\begin{aligned}
\frac{S_O}{N_O} &= \frac{\overline{\{2\alpha\sqrt{P_S P_L}\,\eta_C \cos\gamma \cos[2\pi(f_S - f_L)t + (\varphi_S - \varphi_L)]\}^2}}{2B\{e[\alpha(P_S + P_L + P_B) + I_D] + 2kT/R_D + \alpha^2 P_L^2 \times \mathrm{RIN}\}} \\
&= \frac{2\alpha^2 P_S P_L \eta_C^2 \cos^2\gamma}{2B\{e[\alpha(P_L + P_S + P_B) + i_D] + 2kT/R_D + \alpha^2 P_L^2 \times \mathrm{RIN}\}}
\end{aligned}
\tag{1-21}
$$

若考虑到本振光功率较大，本振光导致的散粒噪声成为主导噪声源，而探测器的热噪声、暗电流噪声相对于散粒噪声是可以忽略的。忽略热噪声、本振相对强度噪声以及回波与背景光产生的散粒噪声，在假定相干效率为 100% 的情况下，相干探测可以达到的理论最高信噪比为

$$
\frac{S_O}{N_O} = \frac{\alpha P_S}{eB}
\tag{1-22}
$$

因此相干探测的极限灵敏度为

$$
\mathrm{NEP_{IF}} = eB/\alpha
\tag{1-23}
$$

相干 (外差) 探测的理论极限 NEP 为直接探测的一半，且外差探测系统带宽一般小于直接探测带宽，并提供转换增益，减小了电路噪声的影响，使灵敏度大大高于直接探测。

从转换增益角度考虑，本振光越强，转换增益越高，激光外差中频信号越大。但高的本振光功率使相对强度噪声增加，且相对强度项为 $\alpha^2 P_L^2 \times \mathrm{RIN}$，为本振功率的二次方项，增长得更快。在本振功率超过一定范围后，相对强度噪声将取代散粒噪声成为系统的主导噪声源，并且使信噪比降低，此时信噪比可表示为

$$
\frac{S_O}{N_O} = \frac{\alpha P_S}{eB + \alpha P_L B \times \mathrm{RIN}}
\tag{1-24}
$$

当本振激光器具有一定水平的相对强度噪声，相干探测的信噪比与本振功率不是简单的单调关系，在本振功率超过一定阈值后，探测信噪比将下降。因此，本振功率有一个最佳值，本振光激光器的相对强度噪声是决定相干探测信噪比的重要因素。为解决激光器相对强度噪声带来的信噪比下降问题，除使用低噪声的本振光信号外，还可使用平衡探测技术，降低相对强度噪声的影响。此外，尽量压缩探测器以及前级放大器的带宽，对于提高信噪比也非常有帮助。

1.4 激光相干探测相干效率

前面介绍相干探测原理时，假定本振光与回波光可以在探测器上实现线性相加，然后由探测器的平方律特性实现混频。然而由于激光波长远小于探测器尺寸，要实现本振光与回波光的电场线性叠加，对本振光与回波光的光束匹配提出非常高的要求，要求波前曲率、光束准直、振幅和偏振匹配，且两光斑要中心重合、大小相同。因此由于本振光场与回波光场分布不同，可达到的相干效率是有限的。

1.4.1 信号光场与本振光场

信号光一般为激光器产生的基模高斯光，通过整形和准直后发射。相干探测的输入光场将由望远镜收集并会聚到探测器表面，望远镜将接收到的光场成像到探测器上，产生一个实际被观测到的聚焦场。可用一个单透镜近似接收望远镜，对接收光场进行分析，收集到透镜输入端的场定义在光阑平面上，聚焦场定义在焦平面上。放置在光阑平面上的光学透镜将输入光场变换到探测器所在的焦平面上，如图 1.3 所示。

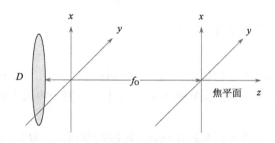

图 1.3 单透镜系统示意图

根据激光谐振腔衍射理论，在空间光传输中，高斯光束沿 z 轴方向传播的光场分布为[6]

$$
\begin{aligned}
U(\vec{r}) &= \frac{c}{\omega(z)}\exp\left\{\frac{r^2}{\omega^2(z)} - \mathrm{j}\left[k\left(z + \frac{r^2}{2R(z)}\right) + \phi(z)\right]\right\} \\
&= \left\{\frac{c}{\omega(z)}\exp\left[\frac{r^2}{\omega^2(z)}\right]\right\} \times \exp\left\{-\mathrm{j}\left[kz + \frac{kr^2}{2R(z)} + \arctan\frac{\lambda z}{\pi\omega_0^2}\right]\right\}
\end{aligned}
\tag{1-25}
$$

式中，$U(\vec{r})$ 是归一化的光电场复振幅函数；$\omega(z)$ 为与高斯光传输距离有关的截面半径，$\omega(z) = \omega_0\sqrt{1 + \left(\dfrac{\lambda z}{\pi\omega_0^2}\right)^2}$；$\phi(z)$ 为高斯光相位因子，$\phi(z) = \arctan\dfrac{\lambda z}{\pi\omega_0^2}$；$\omega_0$ 为

高斯光束的束腰(腰斑)半径；r 为到对称光轴的距离；$k = 2\pi / \lambda$，为波矢量的大小；$R(z)$ 为波面的曲率半径，$R(z) = z\left[1 + \left(\dfrac{\pi\omega_0^2}{\lambda z}\right)^2\right]$。

　　由 $R(z)$ 表达式可以看出，随着高斯光束传播距离往无限远处增大，波面的曲率半径也增大到无穷。即当 $z = \infty$ 时，$R(\infty) \to \infty$，故当目标距离较远，望远镜收到的从目标处返回的信号光波曲率半径远大于波长，光波等相位面可以认为是平面。望远镜口径与信号光光斑直径相比非常小，因此在望远镜口径范围内，信号光光强分布可认为是均匀的，可以把接收光场看作平面光波。

　　当望远镜接收的光场为平面光时，设光阑为圆形透镜光阑，根据空间二维傅里叶变换，回波信号衍射场为艾里斑，信号光场就可表示为[7]

$$U_S(\vec{r}) = J_I\left(\frac{\pi r}{\lambda F}\right)\bigg/\left(\frac{\pi r}{\lambda F}\right) \cdot S^{0.5}(t)\exp(-\mathrm{j}\vec{k}\cdot\vec{r}) \tag{1-26}$$

式中，$F = f_O / D$ 为系统的 F 数；D 为孔径；f_O 为焦距；$S^{0.5}(t)$ 为归一化脉冲调制函数；$J_I(x)$ 为一阶贝塞尔函数。

　　而本振光场分布为高斯分布，可表示为

$$\begin{aligned}
U_L(\vec{r}) &= \frac{c}{\omega(z)}\exp\left\{-\frac{r^2}{\omega^2(z)} - \mathrm{j}\left[k\left(z + \frac{r^2}{2R(z)}\right) - \phi(z)\right]\right\} \\
&= \left\{\frac{c}{\omega(z)}\exp\left[-\frac{r^2}{\omega^2(z)}\right]\right\} \cdot \exp\left\{-\mathrm{j}\left[kz + \frac{kr^2}{2R(z)} - \arctan\frac{\lambda z}{\pi\omega_0^2}\right]\right\}
\end{aligned} \tag{1-27}$$

　　当 $z = 0$ 时，$\omega = \omega_0$，$R(0) = \infty$。

1.4.2　相干效率分析

　　根据前面分析得到的信号光和本振光的光场模型，本振光与信号光的振幅分布和相位分布不一样，不可能完全匹配达到 100%的相干效率。在现有两光场的模型下，尽量使两光场的匹配状态接近理想状态，即信号光场与本振光场的几何中心完全重合、信号光与本振光的波矢量平行且垂直于光敏面，本振光束腰刚好落在探测器光敏面上，在这种条件下可达到理想的最高相干效率，也是理论相干效率。

　　激光相干探测相干效率表达式为

$$\eta_{h} = \frac{\left[\iint\limits_{D} U_{S}(\vec{r}) \cdot U_{L}(\vec{r}) \mathrm{d}S \right]^{2}}{\iint\limits_{D} \left| U_{S}(\vec{r}) \right|^{2} \mathrm{d}S \cdot \iint\limits_{D} \left| U_{L}(\vec{r}) \right|^{2} \mathrm{d}S} \tag{1-28}$$

由于本振光和信号光光束平行无偏移，且本振光束腰落在探测器光敏面上，相干效率式(1-28)可简化为[7]

$$\eta_{h} = (8 / \Omega^{2})[1 - \exp(-\Omega^{2} / 4)]^{2} \tag{1-29}$$

式中，$\Omega = \dfrac{\pi \omega}{\lambda F}$ 是高斯本振光的光束参数。由式(1-29)求导可得出相干效率理论最大值为 $\eta_{h\max} = 0.81$，小于 1 的原因在于艾里斑与高斯光束振幅分布不同。

1.5　激光相干探测基本特性

在直接探测中，只响应光功率的时变信息；但在相干探测中，振幅、频率以及相位所携带的信息均可探测出来。可见相干探测具有直接探测所无法比拟的优势。概括起来，激光相干探测具有如下优良特性：转换增益高、滤波性能良好、可检测信息特征多以及灵敏度高。

1. 转换增益高

激光直接探测时，探测器输出的电流为

$$i_{D} = \alpha P_{S} \tag{1-30}$$

则探测器输出电信号功率为

$$P_{D} = R_{L} \overline{I_{D}^{2}} = \alpha^{2} P_{S}^{2} R_{L} \tag{1-31}$$

在理想情况下，激光相干探测输出的中频信号功率为

$$P_{IF} = R_{L} \overline{I_{IF}^{2}(t)} = 2\alpha^{2} P_{S} P_{L} R_{L} \tag{1-32}$$

相比于直接探测，激光相干探测的转换增益 G 为

$$G = \frac{P_{IF}}{P_{D}} = \frac{2P_{L}}{P_{S}} \tag{1-33}$$

由上式可知，在本振信号功率一定的条件下，回波信号越弱，转换增益越高，相干探测对微弱信号探测的优势就越明显。实际系统中，本振信号的功率远远大于回波信号的功率，使得相干探测转换增益 G 远大于 1。产生这种现象的原因在于直接探测是对回波信号功率的直接检波，而相干探测则是类似于电信号的同步检波，利用回波与本振的相关性，使用本振将回波信号转换到中频上来。

2. 滤波性能良好

在直接探测系统中，为抑制杂散背景光的影响，通常采取在探测器前面放置窄带滤波片。对 1550 nm 的激光信号波段，假设采用带宽 $\Delta\lambda$ 为 1 nm 的滤波片，则 1 nm 对应的光频频带宽度为

$$\Delta f = \frac{\Delta\lambda c}{\lambda^2} \approx 125\,\text{GHz} \tag{1-34}$$

通常，常规探测器响应带宽最大也只有 2～3 GHz 量级。很显然，对于电学系统而言，125 GHz 是一个非常大的频带宽度。

在相干探测系统中，假设取差频信号带宽 $|f_S - f_L|$ 为通频带 Δf，那么只有与本振光信号混频后在此频带内的杂散光可以进入系统，其他杂散光所形成的噪声信号均被滤除。因此，相干探测系统中不需要加滤波片，其滤波效果要比加滤波片的直接探测系统好很多。

3. 可检测信息特征多

光电探测器输出的电流不仅与信号光束和本振光束的功率相关，而且输出电流的频率与相位跟合成的频率与相位一致。因此相干探测不仅可以获得回波的功率信息，还能获得回波的频率信息和相位信息，并且相干探测与偏振相关，可进一步得到偏振方面的信息。上述信息与目标的速度、距离、微动乃至图像特征密切相关，这些特征信息大大扩展了激光探测的应用范围，如可利用相干探测实现多普勒速度测量、距离测量、合成孔径雷达成像、目标振动测量等[8]。

4. 灵敏度高

相干探测具有高转换增益，在探测微弱信号时，高的转换增益对应大的外差中频信号输出，降低了系统中探测器热噪声、暗电流噪声以及放大电路噪声的影响。

相对于直接探测，相干探测具有较高的探测灵敏度。由中频电流表达式(1-10)可以看出，中频信号电流 $i_{\text{IF}}(t)$ 正比于 $\sqrt{P_S P_L}$。因此，在一定条件下，只要本振光的功率足够大，即使信号光的功率非常微弱，也可以得到有效的中频信号电流。

1.6　激光相干探测典型应用概述

当前，激光相干探测已有诸多应用，依据其测量对象划分，激光相干探测的应用主要集中在激光测速、激光测距和激光测振等方面[9]。例如：通过对大气中

的气溶胶等粒子运动进行相干激光探测，可以实现气象领域中低层风场监测以及空中目标侦察中飞机尾涡的探测；通过对相干探测发射光加以相位或频率调制，测量信号光和参考光之间的相位差或频率差，可以获得距离信息，实现目标测距；通过测量因多普勒效应而引起相干探测信号光的频率变化，可以实现被测物的振动测量，军事上可以发现伪装的目标，民用上可研制出工业用激光测振仪。此外，在要求高精度激光成像的情况下可采用激光相干探测，比如高合成孔径分辨率激光成像。

1.6.1　大气扰动激光探测

空中运动目标探测一直是防空领域的重要任务，而对低可探测空中运动目标进行探测则是其重难点，这是由于低可探测空中运动目标具有独特的外形、发动机结构、喷管形状以及涂覆宽波段隐身涂层等。实际上，空中运动目标存在无法隐蔽的大气扰动信息，此类扰动特指空中目标运动引起的成分场、大气风场在一定时空范围内出现的远高于背景大气常规变化特征的一种状态。成分扰动主要源于运动目标发动机尾喷所排放出的 CO_2 和水汽，风场扰动主要包括尾涡和尾流[10]。运动目标的大气扰动具有目标相关性、大范围有规律扩散性和激光可探测性，这为激光探测低可探测空中运动目标提供了新思路、新方法。

1. 大气 CO_2 激光相干探测

相干探测大气 CO_2 含量需要高能量、高光束质量的激光器，受限于器件水平，该应用方向技术突破难度比较大。目前使用激光相干探测方式探测 CO_2 等大气成分的成熟系统还较少。

2010 年，美国 NASA 兰利研究中心介绍了使用高能固体 2 μm 激光器，开展 CO_2 机载相干测量的实验。该系统在 50 km 的探测范围内，以 1 km 的积分长度，能得到优于 1.5%的探测精度，对应到 CO_2 体积分数约为 $6×10^{-6}$。2013 年，日本 NICT 的 Ishii 研制了用于 CO_2 探测的 2 μm 差分吸收相干激光雷达系统，该探测系统的 CO_2 柱线测量精度优于 1.2%。法国学者 F. Gibert 2006~2016 年使用 2 μm 激光器进行了 CO_2 廓线的相干探测研究，取得的探测误差为 0.5%(@500 m) 和 2%(@1 km)[11]。

在公开文献中，目前国内主要有作者领导的团队进行大气扰动下 CO_2 成分相干探测研究工作。2015 年，分析了大气湍流导致的激光相干效率退化、光纤耦合效率下降和回波光强闪烁等因素对大气成分探测误差的影响[12]；2016 年，开展了路径积分模式下的差分吸收相干探测实验，成功测量了 CO_2 成分扰动，测量误差优于 1%[13]；2018 年，在综合考虑激光有限的空间相干性对外差探测影响基础上，建立了大气扰动激光雷达系统广义系统效率模型[14]。此外，作者团队开展了针对特定需求的相关应用研究。

2. 大气风场激光相干探测

激光相干探测大气风场扰动是由相干测风激光雷达实现。20 世纪 70 年代，相干测风激光雷达主要采用 CO_2 激光器。由于固体激光器在能量、体积和寿命等方面有了很大改善，自 20 世纪 80 年代开始，相干测风激光雷达逐渐采用 1.06 μm 固体激光器。20 世纪 90 年代，对人眼安全固体激光器的研究受到关注，由于 1.06 μm 激光对人眼有损伤，2 μm 波段的激光器得到发展。当前，相干测风激光雷达的主流激光器是 1.5～1.7 μm 波段光纤激光器和 2 μm 波段固体激光器。

国外对相干测风激光雷达的研究较早，其应用涵盖航空航天和环境监测等领域，出现了以相干发射大气风场探测仪 (coherent launch-site atmospheric wind sounder，CLAWS)、WindTracer、WindImager 等为代表的相干测风系统。国外主流相干测风激光系统的参数如表 1.1 所示。

表 1.1　国外主流相干测风激光系统参数[11]

时间	系统/团队	系统指标	探测性能
1990	CLAWS 系统/洛克希德·马丁公司 (LMT) & 美国国家航空航天局 (NASA)	1.06 μm 激光，能量为 1 J，脉宽 200～500 ns，重频 10 Hz，离轴光学系统口径 200 mm，采用 VAD 扫描	距离分辨率 75～300 m，时间分辨率 3 min，测量精度 0.1 m/s，测量高度 26 km(6 min 积累)，可探测的最大径向风速为 16 m/s
2002	相干测风激光雷达系统/美国相干技术公司相干测风 (CTI)	2.02 μm Tm:YAG 激光器，脉冲能量 2 mJ，脉宽 400 ns，重频 500 Hz，天线孔径 φ 100 mm	风速范围 ±20 m/s，探测距离 0.4～10 km。在晴天条件下，探测高度 5 km，半径 10 km
2012	相干激光需达系统/日本三菱电机有限公司 (Kameyama S)	1.5 μm (基于 Er,Yb:glass 平面波导放大器)，脉冲能量 1.4 mJ，脉宽 580 ns，重频 4 kHz，透射式光学口径 150 mm	在脉冲积累数 16000(4 s 时间分辨率)、距离分辨率 0.3 km 时，探测距离 >30 km；在脉冲积累数 4000(1 s 时间分辨率)、距离分辨率 0.15 km 时，探测距离 20 km
2013	相干激光雷达系统/日本国家信息与通信技术研究所 Ishii 小组	2 μm 单频调 Q Tm,Hm:YLF 激光器，脉冲能量 80 mJ，脉宽 150 ns，重频 30 Hz，口径 100 mm	最远测量范围 20 km，有合作目标时能测量 25 km。风速均方根 0.51 m/s(1 s 平均)、0.28 m/s(1 min 平均)
2013	WindTracer 系统/洛克希德·马丁公司 (LMT)	1.617 μm 激光器，能量(2.5±0.5) mJ，脉宽 (300±150) ns，重频 750 Hz，口径 100 mm	典型探测距离 0.4～18 km，最大探测距离 33 km，最小距离分辨率 100 m，径向风速范围 ±38 m/s
2015	WindImager 系统/美国国家航空航天局 (NASA)	1547 nm 光纤激光器，能量 35～240 μJ，脉宽 50～400 ns，重频 4～20 kHz，口径 101 mm	探测范围 50 m～15 km，测速精度 0.2 m/s，最远距离 10 km

国内该方向研究相对较晚，但发展很快，主要研究团队包括：中国科学技术大学、中国海洋大学、中国科学院上海光学精密机械研究所、中国电子科技集团公司第二十七研究所等。国内系统使用的光学口径普遍较小，且主要工作在 1.5 μm 波段，该波段有大量相对成熟的光纤激光器。因为光源和探测器的限制，2 μm 激光雷达的研究较少，技术尚不成熟。国内有代表性的相干测风激光雷达见表 1.2。

表 1.2　国内相干测风激光雷达[11,15]

时间	团队	系统指标	探测性能
2010	中国电子科技集团公司第二十七研究所	1.55 μm 半导体激光器，本振光功率 1 mW(功率可调)，最大输出功率 200 mW(功率可调)，线宽≤30 kHz，InGaAs 双平衡探测器，带宽 110 MHz，增益 45 dB(可调)，口径 100 mm，采样速率 14 位 400 MHz，4096 点 FFT	测速精度在 0.02 m/s 内
2014	上海光学精密机械研究所	波长 1.54 μm，能量 43 μJ，脉宽 500 ns，重频 10 kHz，口径 50 mm，采样率 500 MHz	距离分辨率为 75 m，径向探测距离 3 km，风速均方根 0.2 m/s
2014	中国海洋大学	1.55 μm 光纤激光器，能量 100 μJ，脉宽 200 ns，重频 10 kHz	距离分辨率为 30 m，探测范围 30 m～3 km，风速均方根 0.3 m/s
2015	中国科学技术大学	光纤激光器 1547 nm，能量 120 μJ，脉宽 400 ns，重频 10 kHz，望远镜尺寸 64.3 mm	距离分辨率 60 m，探测范围 60 m～3 km，风速均方根 0.5 m/s
2017	中国科学技术大学	1548.1 nm 光纤激光器，能量 0.1 mJ，脉宽 300 ns，重频 15 625 Hz，本振 1 mW，移频 80 MHz，口径 80 mm(透射式)，采样率 250 MHz	探测距离 6 km；精度 0.5 m/s；时间分辨率 2 s，空间分辨率 60 m。综合使用回波的水平方向和垂直方向的相干信号，同时获取风速和大气退偏比，也提高了探测载噪比

1.6.2　激光测距测速

激光用于测距，按采用激光器的类型通常可分为两类：一类为使用脉冲型激光器，通过测量激光脉冲的飞行时间来实现测距，典型的如脉冲测距法。由于脉冲激光器的高功率特性，可实现远距离测量。另一类是采用调制的连续波激光或者长激光脉冲，通过测量回波中调制信号的相对变化来实现测距，典型的如幅度调制相位测量法。此类方法可实现高精度的距离测量，但由于激光器的功率有限，往往只能实现短距离的测量。

激光用于测速，主要方法也有两类：一类是基于激光测距结果，以一定时间间隔连续测量目标距离，将目标的距离变化量除以时间间隔，得到目标运动速度。

这种方法精度有限,且只能对反射激光较强的硬目标进场测量;另一类是根据目标运动产生的多普勒效应,通过测量运动目标的多普勒频移来测速。当激光波长一定时,目标产生的多普勒频移和目标运动速度成正比。这种方法测速精度高。

对于激光测距测速,作用距离和测量精度是最为重要的两个技术指标。作用距离的提升主要靠增大信号强度来实现,即通过获得大时宽信号实现;测量精度的提高主要靠获得大带宽信号来实现。连续波激光雷达作用距离比较短,宽脉冲雷达虽然能实现更远的作用距离,但其测距精度并不理想[16]。因此,激光雷达发射信号必须采用具有大时宽与带宽的复杂信号形式。由此出现了一些新体制的激光雷达,如线性调频连续波激光雷达、伪随机码调相激光雷达以及啁啾调幅激光雷达等。

激光测距测速按回波的探测方式分类,可分为直接探测与相干探测。直接探测结构简单,应用广泛,但精度不够高。相干探测灵敏度高,但系统较为复杂。激光调频与调相都要使用相干探测,需要连续的本振光信号。因此,线性调频连续波激光雷达、伪随机码调相激光雷达一般使用连续波激光器,或者使用主振荡器功率放大器(master oscillator power amplifier,MOPA)结构,即小功率的连续波激光器作为本振,其余部分经调制与光放大器放大后发射,光放大器输出可为连续波或脉冲信号。啁啾调幅激光雷达则既可以使用直接探测也可以使用相干探测。相干探测因为其独特的优点,在大型激光雷达测距以及激光多普勒雷达测速中得到较多应用。典型的激光相干测距测速系统为"火池"(Firepond)和高性能二氧化碳激光雷达监视传感器(high performance CO_2 ladar surveillance sensor,HI-CLASS),两者均采用大功率 CO_2 激光器。"火池"激光雷达由美国林肯实验室负责研制,部署于美国马萨诸塞州韦斯特福德。从 20 世纪 70 年代开始,历经了数次升级完善,采用脉冲测距,线性调频、相位编码调制,具备对目标进行精密跟踪成像的能力。"火池"只能测距不能测速。1990 年 3 月和 10 月,"火池"雷达进行了 Firefly I 和 Firefly II 两次试验,通过利用 C 波段和 X 波段雷达的初始跟踪角度数据,以亚微弧度的精度,跟踪了在弗吉尼亚州 NASA 沃洛普斯(Wallops)岛空间基地发射的火箭目标,两次试验均成功识别出了数百公里外火箭发射的假弹头。图 1.4 是该试验示意图[17]。"HI-CLASS"激光雷达系统使用波长为 11.13 μm 的二氧化碳激光器作为本振,分别发射长脉冲与突发短脉冲串用于目标跟踪与成像,脉冲能量 12 J,重复频率 15 Hz,可以在远距离(2000 km)完成对非合作目标(直径>30 cm)的跟踪与识别。"HI-CLASS"激光雷达既可以测距也可以测速。

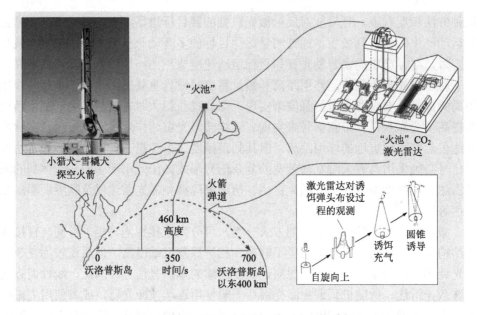

图 1.4 "火池"激光雷达开展 Firefly 试验

典型的线性调频连续波激光雷达是 NASA 自主卫星着陆和危险规避项目 (autonomous landing and hazard avoidance technology, ALHAT) 中的多普勒激光雷达。该雷达是一种全光纤线性调频连续波相干激光雷达,工作波长 1.56 μm,适用于近距离公里级范围的测距和测速,视线测距误差可达厘米量级,视线测速误差可达厘米每秒量级。

对于本书重点研究的啁啾调幅激光雷达,美国堪萨斯大学在 NASA 的支持下开展了基于激光相干探测的啁啾调幅激光雷达的研究,分别对啁啾调幅外差激光雷达与啁啾调幅零差激光雷达进行了实验研究。两种啁啾调幅激光雷达结构如图 1.5 和图 1.6[18]所示。2010 年,作者团队在中国科学院上海技术物理研究所对啁啾调幅的零差和外差探测进行了深入研究,得到了宽带高线性度的啁啾调幅激光,并搭建了外差全光纤实验系统[19]。2011 年,于啸等在实验室内进行了全光纤的啁啾调幅相干零差实验,实现了距离和速度的同时测量[20]。

1.6.3 微多普勒效应激光探测

目标识别是现代战争中精确作战的前提和基础,但目前伪装、隐身、欺骗等手段的发展给实现目标准确探测和识别带来挑战。常用雷达探测回波特征包括散射强度、极化矩阵、时间-距离信息等,从这些特征中可以得到目标的体积、材料、结构等参数信息。这些都属于静态的目标特征,对其进行控制和改变相对容易,目前诱饵和假目标的几何结构、电磁散射等特征更是可以达到以假乱真的地步。

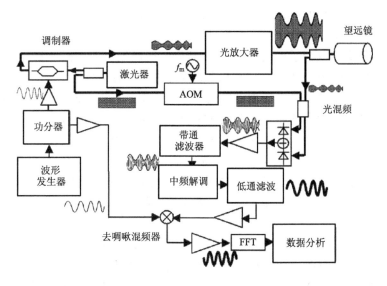

图 1.5　啁啾调幅外差激光雷达

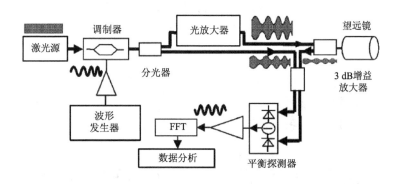

图 1.6　啁啾调幅零差激光雷达

而微动属于目标的运动特征,指的是目标或目标的组成部分在雷达径向上的振动、转动、锥动等相对于目标主体平动而言的小幅运动。微动引起的目标散射表面和雷达径向距离的变化会在回波信号中形成相位调制作用,在回波信号频谱中出现以多普勒频率为中心的频谱展宽现象,称为微多普勒效应。目标微动特征的唯一性、低可控性和强抗干扰能力,展现了其在目标探测识别领域的巨大优势。通过精确估计微动参数,再结合充分的先验知识,可以实现目标分类甚至精细识别[21]。

　　关于微多普勒效应的探测,国外美国海军研究实验室、维拉诺瓦大学雷达成像实验室、加拿大防御技术中心、英国伦敦大学、新加坡南洋理工大学等都对此开展了相关研究。其中,美国一直处于领先地位,已经形成了从理论分析到实验

验证的一个比较完善的研究体系。国内由国防科技大学率先开展了微多普勒效应
的探索，到目前空军工程大学、北京理工大学等都进行了深入的研究，并在数学
模型和理论分析上取得了一定成果。微多普勒效应最先发现于相干激光雷达信号，
后在微波雷达的弹道导弹预警、直升机旋翼分类以及行人姿态识别等方面得以深
入应用。相较于微波，激光在微多普勒效应探测中具有更高的灵敏度和分辨率，
这在探测振动幅度微弱的微多普勒效应中有着不可替代的优势。

　　在微多普勒效应相干激光探测系统研究方面，国外已在军事领域开展了应用
试验。美国国防部提出了美国陆军先进概念与技术 II(advanced concept &
technology II, ACT II)项目，计划将微多普勒激光雷达引入到防空作战领域，在超
视距范围测量目标发动机的振动特征，基于振动特征对目标进行分类，再联合已
有战斗机平台，达到实时跟踪的战术识别目的。该相干激光雷达系统参数指标为：
灵敏度达到 10 μm/s，发射功率 10 W，光束控制精度 3 mrad，发射孔径 6 in(1 in =
2.54 cm)。在外场试验中成功识别出波音公司的两架飞机。后续该计划将增大激
光雷达发射机功率，将探测距离提高到千公里量级，用于空间目标监视[22]。德国
Ebert 利用 10.6 μm 相干激光雷达对 300 m 处铺设伪装网的汽车进行探测，得到了
汽车振动的二维分布图像，达到了反伪装的目的，如图 1.7 所示[23]。图中每个像
素点的颜色表示对微多普勒回波进行参数估计得到的微动幅度信息。显然，当具
有更精确的参数估计能力时，对目标振动分布的刻画也会更加精细。

图 1.7　非伪装汽车与伪装网下汽车的振动图像(见彩图)

　　在微动目标识别算法研究方面，美国海军研究实验室的 Victor C. Chen 教授
率先定义了微多普勒效应，并将这个概念从激光雷达领域扩展到了微波雷达领
域。他在点散射理论的基础上首次统一建立了四类基本微动形式——振动、转

动、翻滚、锥动的微多普勒数学模型[24]，如图 1.8 所示。Victor C. Chen 还率先提出利用时频分析方法来研究信号包含的微动特征，其采用短时傅里叶变换（short-time Fourier transform, STFT）获取回波信号的时频分布，直观地展示了目标微动特征[25]。

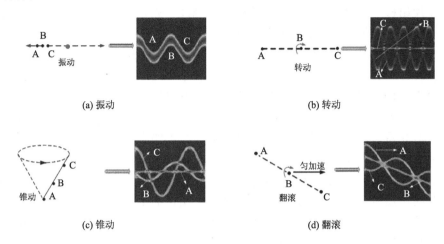

(a) 振动

(b) 转动

(c) 锥动

(d) 翻滚

图 1.8　四种典型微动（见彩图）

从雷达回波信号中提取目标微动特征是研究微多普勒效应的一个主要内容，对于不同的微动形式可以通过提取和分析微动特征实现目标分类。目标微动特征主要体现为信号瞬时频率的变化，所以提取的微动特征可等价于信号的时频特征。传统的傅里叶变换分析方法只能得到信号整个时域上的频谱分布，不能反映信号中的频率变化信息，不适合用来分析微动特征。因此，时频分析方法是目前主要的微动特征提取方法，它包括了线性、非线性及各种改进形式。常用的线性时频分析方法有短时傅里叶变换、小波变换、Gabor 展开等；典型的非线性时频分析方法有维格纳-威利分布（Wigner-Ville distribution, WVD）和 Cohen 类等。

对于目标的精细识别，当微动时频特征相互接近时，只通过时频特征的分析就显得力不从心，还需要对微动参数进行精确估计。对目标微动参数的估计方法可大体分为两类[26]，一类是以时频分析算法为基础的非参数化方法；另一类就是以信号模型为基础的参数化方法。基于时频分析算法的非参数化方法主要包括霍夫变换、拉东变换等方法，但由于计算量的限制，它们只适合处理两参数模型，并不适用于包含多维微动参数的信号。基于信号模型的微动参数估计方法主要包括最大似然估计（maximum likelihood estimation, MLE）、粒子滤波（particle filter, PF）等方法，它们基于微多普勒信号符合正弦调频信号模型的先验知识，避免了时频分析引入的额外估计误差，可以得到更高的估计精度。此外，深度神经网络等智能算法也在目标精细分类识别中得到应用[27]。

1.6.4 合成孔径激光高分辨率成像

合成孔径技术源于微波成像，主要利用雷达平台与目标之间的相对运动形成的虚拟大孔径来提升系统的极限分辨率。与微波雷达相比，激光雷达的工作波长短，呈现出极高的分辨本领和抗干扰能力。因此，激光技术与合成孔径技术的结合，将会给人们带来惊人的空间分辨能力。

1951 年，美国固特异航空航天(Goodyear Aerospace)公司的卡尔·威利(Carl Wiley)发现，通过对雷达与目标之间的多普勒进行处理，能够改善波束垂直向上的分辨率。根据这一原理，就可以利用雷达得到二维地表图像。这种通过信号分析技术来构建一个等效长天线的思想称为合成孔径技术。在合成孔径雷达发展的同时，激光雷达伴随着世界上第一台红宝石激光器的出现也诞生了。随后人们将合成孔径技术移植到光学波段，以获得更高分辨率的图像，合成孔径激光雷达(synthetic aperture ladar, SAL)应运而生。

相对于微波合成孔径雷达，合成孔径激光雷达的主要优点包括：一是激光波长短，波束宽度窄，距离分辨率和速度分辨率高，能获得高分辨率的清晰图像；二是不受传统电磁波的影响，抗干扰能力强，隐蔽性好，能穿透等离子鞘；三是能穿透现有伪装网，不受现有吸波材料影响，反隐身性能好；四是合成孔径长度短，成像时间少；五是在相同性能条件下，合成孔径激光雷达体积小、重量轻。

国外关于光学波段合成孔径雷达技术的研究起始于 20 世纪 60 年代末 70 年代初。1970 年 Lewis 搭建了简易的合成孔径激光雷达装置实现了红外波段上的合成孔径成像[28]。系统采用波长为 10.6 μm、功率为 4 W 的连续 CO_2 激光器为辐射源，本振光通过在目标处放置反射镜来获得，从而实现光的外差探测。

2002 年，美国海军实验室成功研制了世界上第一个扫描式的二维合成孔径激光雷达系统 [29]。系统采用外腔单模可调谐的激光器作为辐射源，输出功率为 5 mW，波长为 1.55 μm。采用调波长的方式输出线性调频信号，波长范围为 10 nm，对应的时宽为 1 s。

2004 年，美国空军实验室采用移动的孔径和漫散射目标成功研制了世界上首台真正意义上的合成孔径激光雷达装置，系统中雷达平台处于移动状态，如图 1.9 所示。辐射源采用的是中心波长为 1.5 μm 的半导体光纤激光器，输出功率为 6.3 mW，线宽 100 kHz。目标与雷达的距离达到数米，且安置在 45°角的倾斜平台上。实验中取得了良好的二维合成孔径聚焦图像，如图 1.10 所示，而且对细节进行了较好的处理[30]。

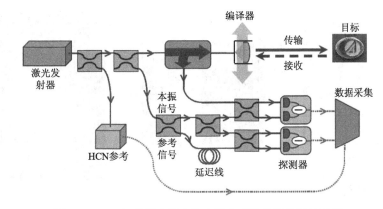

图 1.9　2004 年美国空军实验室的合成孔径激光雷达装置

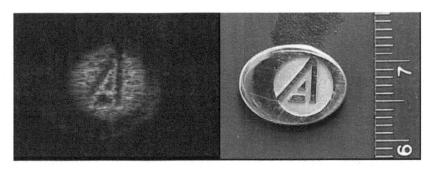

图 1.10　美国空军实验室的 SAL 图像

2011 年美国洛克希德·马丁公司的 Krause 等课题组进行了世界上首次机载合成孔径激光实验。该系统采用单波束/单探测器结构，1550 nm 的光纤激光器经1.5 W 的 EDFA 光纤放大器之后形成脉冲宽度为 20 ns、能量为 15 μJ 的脉冲信号，脉冲重复频率为 100 kHz。脉冲调制方式仍然是脉内编码调制，带宽为 7 GHz，距离向的理论分辨率为 2 cm。飞行平台采用的是 Twin Otter 飞机。系统采用正侧视模式，视线方向的俯视角为 45°，最短斜距 1.6 km，目标处的光斑尺寸为 1 m（等价于 2.4 mm 的真实孔径）。通过合成孔径算法后方位上分辨率的改善达到 30 倍以上，其成像结果如图 1.11 所示[31]。

国内的一些研究机构也开展了合成孔径激光雷达的理论和实验研究，其中主要包括：西安电子科技大学、中国科学院电子学研究所和中国科学院上海光学精密机械研究所。另外，国防科技大学对星载合成孔径激光雷达方面也进行了一些理论方面的探索[32, 33]。

早在 2002 年，成都电子科技大学的彭仁军等开展了用干涉法实现光学合成孔径技术的研究，提出了一种干涉条纹场的合成来提高分辨率的方法，并通过实验验证了该方法的可行性。2006 年底，西安电子科技大学邢孟道教授课题组开展了旋

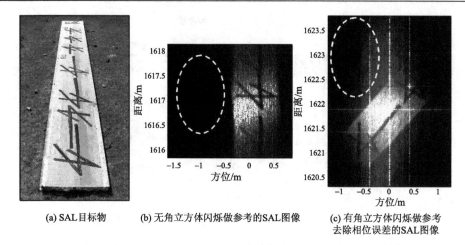

(a) SAL目标物　　(b) 无角立方体闪烁做参考的SAL图像　　(c) 有角立方体闪烁做参考
去除相位误差的SAL图像

图 1.11　2011 年美国洛克希德·马丁公司的 SAL 机载实验成像结果

转目标的合成孔径激光雷达成像研究。系统采用"一步一停"模式，目标距离为
0.4 m。中国科学院上海光学精密机械研究所刘立人研究员课题组近年来一直开展
合成孔径激光雷达成像研究。2010 年前后，该课题组的 SAL 系统进行了实验室
试验，基于自由空间光路，目标距离 3.2 m，激光发射功率为 6 mW，光斑尺寸为
5.5 mm，波长调谐范围为 1538.5～1541 nm，步进间隔 0.1 mm，得到的图像分辨
率为 1.2 mm×2 mm，如图 1.12 所示[33]。随后，开展了正弦相位调制的大视场机
载直视合成孔径激光成像雷达飞行试验，在 3 km 距离上获得了高质量大视场图
像[34]。尽管我国目前在 SAL 方面的研究取得了一些进展，但与国外相比还存在较
大的差距，进入实际应用还需要进一步的研究。

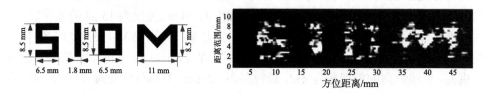

图 1.12　中国科学院上海光学精密机械研究所的 SAL 实验的实物图样和成像结果

参 考 文 献

[1] 戴永江. 激光雷达原理[M]. 北京: 国防工业出版社, 2002.

[2] 孟昭华. 啁啾调幅相干激光雷达关键技术研究[D]. 上海: 中国科学院上海技术物理研究所, 2010.

[3] 赵一鸣, 李艳华, 商雅楠, 等. 激光雷达的应用及发展趋势[J]. 遥测遥控, 2014, 35(5): 4-22.

[4] 胡以华. 激光成像目标侦察[M]. 北京: 国防工业出版社, 2013.

[5] 安毓英, 刘继芳, 李庆辉. 光电子技术[M]. 2 版. 北京: 电子工业出版社, 2007.

[6] 张文睿. 合成孔径激光雷达中激光外差探测技术研究[D]. 西安: 西安电子科技大学, 2009.

[7] 李明卓. 相干激光测风雷达中 1.55 μm 光外差接收实验研究[D]. 哈尔滨: 哈尔滨工业大学, 2007.

[8] 吴军. 大测距动态范围高重频相干测距测速体制研究[D]. 上海: 中国科学院上海技术物理研究所, 2015.

[9] Molebny V, McManamon P, Steinvall O, et al. Laser radar: historical prospective-from the East to the West[J]. Optical Engineering, 2017, 56(3): 03122001-03122024.

[10] 胡以华, 杨星. 目标衍生属性光电侦察技术[M]. 北京: 国防工业出版社, 2018.

[11] 董骁. 运动目标大气扰动相干激光探测系统技术研究[D]. 长沙: 国防科技大学, 2019.

[12] 董骁. 空中目标大气扰动相干激光探测实验研究[D]. 合肥: 解放军电子工程学院, 2016.

[13] 董骁, 胡以华, 徐世龙, 等. 不同气溶胶环境中相干激光雷达回波特性 [J]. 光学学报, 2018, 38(1): 0101001-1-0101001-9.

[14] Hu Y H, Dong X, Zhao N X, et al. System efficiency of heterodyne lidar with truncated Gaussian Schell-Model beam in turbulent atmosphere[J]. Optics Communications, 2019, 436: 82-89.

[15] 李冬梅, 郑永超, 潘静岩, 等. 相干多普勒激光测风雷达系统研究[J]. 光学技术, 2010, 36(6): 880-884.

[16] 曹昌东, 秦鹏, 眭晓林, 等. 脉冲压缩技术在相干激光雷达中的应用研究[J]. 激光与红外, 2017, 47(6): 659-662.

[17] Gschwendtner A B, Keicher W E. Development of coherent laser radar at Lincoln laboratory[J]. Lincoln Laboratory Journal, 2000, 12(2): 383-396.

[18] Adany P, Allen C, Hui R Q. Chirped lidar using simplified homodyne detection[J]. Journal of Lightwave Technology, 2009, 27(16): 3351-3357.

[19] 孟昭华, 洪光烈, 胡以华, 等. 啁啾调幅相干探测激光雷达关键技术研究[J]. 光学学报, 2010, 30(8): 2447-2450.

[20] 于啸, 洪光烈, 凌元, 等. 啁啾调幅激光雷达对距离和速度的零差探测[J]. 光学学报, 2011, 31(6): 06060021-06060027.

[21] 郭力仁. 目标微动特征的激光探测信号处理与参数估计方法研究[D]. 长沙: 国防科技大学, 2018.

[22] 余若男. 基于激光微多普勒效应的空间非合作目标探测识别技术研究[D]. 哈尔滨: 哈尔滨工业大学, 2021.

[23] Ebert R R, Lutzmann P. Vibration imagery of remote objects[C]. Free-Space Laser Communication and Laser Imaging II. International Society for Optics and Photonics, 2002, 4821: 1-11.

[24] Chen V C, Li F, Ho S S, et al. Micro-Doppler effect in radar: phenomenon, model, and simulation study[J]. IEEE Transactions on Aerospace and Electronic Systems, 2006, 42(1): 2-21.

[25] Chen V C. Time-frequency signatures of micro-Doppler phenomenon for feature extraction [C]. Proceedings of SPIE, 2000, (4056): 220-226.

[26] Hong L, Dai F, Wang X. Micro-Doppler analysis of rigid-body targets via block-sparse forward-backward time-varying autoregressive model[J]. IEEE Geoscience and Remote Sensing Letters, 2016, 13(9): 1349-1353.

[27] Huizing A, Heiligers M, Dekker B, et al. Deep learning for classification of mini-UAVs using micro-Doppler spectrograms in cognitive radar[J]. IEEE Aerospace and Electronic Systems Magazine, 2019, 34(11): 46-56.

[28] Lewis T S, Hutchins H S. A synthetic aperture at optical frequencies[J]. Proceeding of the IEEE, 1970, 58(4): 587-589.

[29] Bashkansky M, Lucke R L, Funk E, et al. Two-dimensional synthetic aperture imaging in the optical domain[J]. Optics Letters, 2002, 27(22): 1983-1985.

[30] Buell W R, Marechal N J, Buck J R, et al. Demonstration of synthetic imaging ladar[C]//Proceedings of SPIE, 2005.

[31] Krause B W, Buck J, Ryan C, et al. Synthetic aperture ladar flight demonstration[C]// Conference on Lasers and Electro-Optics, 2011: PDPB7.

[32] 李今明, 胡以华, 李今山, 等. 对静止轨道卫星成像的 SAL 载星轨道[J]. 红外与激光工程, 2012, 1(3): 684-689.

[33] 李今明, 胡以华, 王恩宏, 等. 星对星合成孔径激光雷达成像[J]. 红外与激光工程, 2011, 9(40): 1668-1672.

[34] Zhou Y, Zhi Y N, Yan A M, et al. A synthetic aperture imaging ladar demonstrator with Ø300 mm antenna and changeable footprint[C]// Proceedings of SPIE, 2010.

第2章 大气扰动的激光相干探测

空中目标运动会引起大气成分、风场等扰动，此类扰动具有目标相关性，大范围有规律扩散，无法人为消除。快速运动的空中目标，其导致的大气扰动持续时间一般在几十秒至数分钟，易受大气背景干扰。激光探测目标大气扰动要求较高的时空分辨率和灵敏度，因此只能采用相干探测方式。本章介绍相干激光探测技术在空中运动目标大气扰动中的应用，通过对远距离、高精度、高距离分辨的大气扰动快速探测，可实现对空中运动目标的跟踪探测。

2.1 基 本 原 理

2.1.1 激光探测大气雷达方程

1. 激光与大气的相互作用

激光在大气中传输会存在吸收、散射、折射和反射等一系列现象。大气中的某些气体分子会对激光选择性吸收，引起激光辐射强度的衰减。激光照射在大气中的分子和气溶胶等散射体时，散射体会产生极化效应而感应出振荡的电磁多极子，有电磁振荡就会向四周辐射电磁波，即产生光散射现象[1]。激光雷达正是根据大气分子和气溶胶粒子对激光的吸收和散射特性的差异，实现气体种类、浓度、风场以及气溶胶种类、含量等诸多大气参数的测量。

大气吸收作用主要源于气体分子，气体分子能量不仅包括热运动产生的动能，还包含原子间的转动和振动能量以及电子运动能量。根据量子理论，当气体分子吸收一定频率的光子能量时，该气体分子将被激发，从低能级状态跃迁到确定的高能级状态。不同的气体分子将会对特定频率的激光有强烈的选择性吸收作用，这些能使分子发生能级跃迁的特定的激光波长称为该气体分子的吸收光谱。根据量子力学测不准原理，分子在进行能级跃迁时，需要一定的跃迁时间，这样的谱线展宽称为自然展宽。由于分子之间激烈的相互碰撞和热运动效应造成谱线进一步展宽，称为压力展宽和多普勒展宽[2]。气体分子的吸收光谱用吸收截面 σ 或吸收系数 α 表示，二者之间的关系表示为

$$\alpha = N_0 \frac{P}{P_0} \frac{T_0}{T} \sigma \tag{2-1}$$

式中，N_0 为标准洛施密特(Loschmidt)常量，取值为 2.69×10^{19} cm^{-3}；P_0 和 T_0 分别

为一个标准大气压和气温。

光散射理论认为，大气中的大气分子和气溶胶都会对激光散射做出贡献。在分析光与分子或粒子相互作用时，根据散射体与光波长 λ 的相对大小会有不同的处理方式，可用尺度参数 $\rho=2\pi a/\lambda$ 表示这种相对关系，其中，a 为散射体半径。大气散射主要分为瑞利(Rayleigh)散射、米(Mie)散射、拉曼散射和共振散射。其中，瑞利散射、米散射是弹性散射，散射过程仅改变激光的传播方向，不会改变激光的入射波长，激光相干探测利用的是大气粒子的弹性散射；拉曼散射和共振散射均会导致激光频率改变，共振散射的量级比瑞利散射大几个量级。

瑞利散射，即散射粒子的尺寸相比于入射激光波长较小，其尺度参数满足 $\rho\ll1$，大气中的分子以及微小粒子主要属于这种散射。瑞利散射的重要特点是：散射光强与 λ 的四次方成反比，与粒子半径 a 的六次方成正比，与距离的平方成反比。瑞利散射普遍被用于激光雷达探测大气分子密度分布。

米散射，即激光与尺寸较大粒子间的散射，通常其尺度参数满足 $\rho>0.3$，大气中的各种固态或者液体的气溶胶粒子，如大气中的粉尘、烟雾等粒子的散射属于米散射。米散射的主要特点是：散射强度与角度的分布十分复杂，粒子越大越复杂，粒子越大，前向散射和后向散射比随之增大，当粒子尺度大于波长时，散射过程和波长依赖关系变小。米散射主要被用作气溶胶、烟雾、云的探测。

拉曼散射与分子内部的振动、转动效应密切相关，当入射光子与分子相互作用时，入射光子的能量被转移或吸收，导致散射光的频率与入射光的频率不同，这种不同与入射光的波长无关，仅与散射分子有关。拉曼散射效应常被用于探测大气水汽，通过接收拉曼散射回波强度的大小来确定大气水汽浓度，从而获得大气水汽的垂直分布。当入射光频率与大气分子或原子的固有频率十分相近或者相同时，拉曼效应将会大大增强，这种现象称为共振拉曼散射[3]。由于原子的共振散射光强比分子共振散射光强大几个数量级，因此通常利用该散射来探测高层大气的某些金属原子，例如探测中间层顶附近的钠原子和钾原子的浓度廓线等。

激光与大气相互作用的典型截面值如表 2.1 所示[4]，表中，λ_t 为发射激光波长，λ_r 为接收激光波长。

表 2.1   激光与大气相互作用典型参数

作用过程	介质类型	波长关系	作用截面/(cm²/sr)	可探测大气参数
瑞利散射	分子	$\lambda_t=\lambda_r$	10^{-27}	大气密度、温度
米散射	气溶胶	$\lambda_t=\lambda_r$	$10^{-26}\sim10^{-8}$	气溶胶、烟、云等
拉曼散射	分子	$\lambda_t\neq\lambda_r$	10^{-30}	湿度、近距离痕迹气体、大气密度等

续表

作用过程	介质类型	波长关系	作用截面/(cm²/sr)	可探测大气参数
共振散射	原子、分子	$\lambda_{\mathrm{t}} = \lambda_{\mathrm{r}}$	$10^{-23} \sim 10^{-14}$	高层金属原子和离子 Na^+、K^+、Li 等
荧光散射	分子	$\lambda_{\mathrm{t}} \neq \lambda_{\mathrm{r}}$	$10^{-25} \sim 10^{-16}$	有机分子
吸收效应	原子、分子	$\lambda_{\mathrm{t}} = \lambda_{\mathrm{r}}$	$10^{-21} \sim 10^{-14}$	气体(O_3, SO_2, CO_2)等

2. 大气探测激光雷达方程

大气探测激光雷达方程的一般形式如下:

$$P(\lambda, R) = K \frac{P_0(\lambda) A \beta(\lambda, R) \Delta R}{R^2} \exp\left[-2\int_0^R \alpha(\lambda, z)\mathrm{d}z\right] \tag{2-2}$$

式中, $P(\lambda, R)$ 是接收机接收到的 $R \sim R + \Delta R$ 段激光回波功率; ΔR 是空间取样距离; K 为校正系数; $P_0(\lambda)$ 是激光发射功率; A 是接收光学系统的接收面积; $\beta(\lambda, R)$ 是被探测气体对应的后向散射系数, λ 是激光波长, R 是激光雷达的探测距离; $\alpha(\lambda, z)$ 为大气总的消光系数, $\alpha(\lambda, z) = \sigma(\lambda, z)N + \varepsilon$, $\sigma(\lambda, z)$ 为被测气体吸收截面, N 是被测气体浓度, ε 是除被测气体之外的消光系数。

从大气探测激光雷达方程可以看出, 激光回波强度与距离平方成反比关系。ΔR 是空间取样的距离分辨率, 最小值为 $\Delta R_{\min} = c\tau / 2$, τ 为激光的脉冲宽度, c 为光速, 常用的激光雷达的激光脉冲宽度约 10^{-8} s 量级, 对应 $\Delta R_{\min}$ 是米量级。$\exp\left[-2\int_0^R \alpha(\lambda, z)\mathrm{d}z\right]$ 表示在激光在探测距离 R 内传输中受到的大气衰减量, 为增加回波强度, 需要对发射激光的波长进行选择以降低消光系数 $\alpha(\lambda, z)$。消光系数 $\alpha(\lambda, z)$ 包含吸收与散射衰减, 在大气探测中, 为避免激光被强烈吸收而衰减, 激光雷达发射波长通常选在大气窗口内。

在差分吸收探测体制激光雷达中, 吸收衰减是进行气体反演的重要基础, 散射衰减又是产生激光回波的基础, 因而就更需要对激光波长进行合适选择以增强激光雷达探测性能。除强度特性外, 激光回波的偏振参数也携带了丰富的大气物理量的信息, 获取多个偏振通道的回波强度数据并进行反演, 即可实现气溶胶形状、种类等参数测量。

2.1.2　大气 CO_2 激光相干探测基本原理

1. 飞行目标排放 CO_2 特性分析

近年研究表明, 背景大气 CO_2 的浓度正不断增加, 其主要是人类活动所致。

在过去几十万年间，大气中 CO_2 的浓度为 0.018%~0.028%，但工业革命后，CO_2 的含量急剧增加。根据美国国家海洋和大气管理局（National Oceanic and Atmospheric Administration，NOAA）的计算结果，大气中的 CO_2 和 CH_4 含量持续上升，CO_2 含量达到 360 万年来的最高点，2021 年 12 月的 CO_2 浓度已上升至 0.0417%。相对于近地面，高空探测中能改变背景大气 CO_2 浓度的因素会更少，背景大气 CO_2 浓度也更加稳定，短时间内可视作不变量。但空中目标飞行时，其排放的尾气会引起周围背景大气成分扰动，特别是当激光雷达的探测空域内有飞行器飞过时，其尾喷流中含有的 CO_2 气体会加大目标空域的 CO_2 浓度，引起背景大气中 CO_2 浓度发生突变，随即产生成分场扰动。故而，可通过测量背景大气中的 CO_2 浓度扰动信息来实现对探测空域内运动目标的告警探测。

利用 FLUENT 软件设置飞机的相关参数，可开展对探测空域背景大气成分扰动的分析与建模，并实现对目标空间大气成分扰动特性和扩散规律的数值分析。以典型战斗机尾喷口参数为例：设氧气质量分数 $M_{O_2} = 0.02$，CO_2 质量分数 $M_{CO_2} = 0.16$，水蒸气质量分数 $M_{H_2O} = 0.12$，尾喷口平均温度 $\overline{T} = 2000.0$ K；设定飞机典型巡航高度为 8 km，此巡航高度下的大气温度约为 236.0 K，大气密度约为 0.5252 kg/m³，背景大气中 CO_2 浓度约为 5×10^{-6} kmol/m³（约 0.03%）。图 2.1 是通过 FLUENT 软件仿真得到的战斗机尾喷流 CO_2 浓度三维成分场分布图，纵坐标数据是 CO_2 浓度（单位 kmol/m³），图中的 Y 表示尾喷流的纵向方向，X 表示轴向，Z 表示横向。

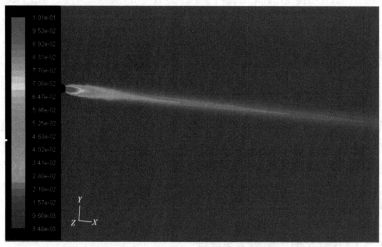

图 2.1　尾喷流 CO_2 浓度三维成分场分布（2 km 以内）（见彩图）

从图 2.1 可以看出，尾喷流 CO_2 浓度仅在喷口处比较强，随着离喷口距离的增大，尾喷流 CO_2 扩散得非常快，一定距离后和背景大气中的 CO_2 浓度基本相同。

并且 CO_2 的扩散主要是分子的扩散,随着时间变化,下游的尾喷流 CO_2 面积会显著增加,表现为尾喷流 CO_2 浓度的减小。图 2.2 给出了湍流尺度为 1 m 时,尾喷口下游 100 m 处 CO_2 浓度的分布横截面图。

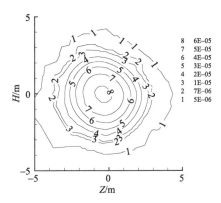

图 2.2　尾喷口下游 100 m 处 CO_2 浓度分布的横截面图 (湍流尺度为 1 m)

为研究战斗机尾喷流 CO_2 浓度的扩散随时间的变化情况,在 FLUENT 软件中,分别选取了离轴线 5 m、10 m、20 m、30 m、50 m、80 m 远的距离点作为分析尾喷流 CO_2 浓度的研究对象,图 2.3 是处于尾喷口不同距离点处的尾喷流 CO_2 浓度随时间扩散的曲线。

从图 2.3 中可以发现,尾喷流轴线不同距离位置处的尾喷流 CO_2 气体浓度随时间扩散的变化过程。先以比较典型的图 2.3 (e) 为例说明,在距离轴线 50 m 的位置处,在开始的 40 s 时间内,由于尾喷流扩散的 CO_2 气体还没有到达,背景大气的 CO_2 浓度没有变化,但在 40 s 以后,随着尾喷流 CO_2 气体的扩散,导致背景大气中 CO_2 的浓度开始升高,并在 69 s 左右 CO_2 浓度达到峰值。在距离轴线 80 m 外的位置处,须经过 90 s 的时间尾喷流 CO_2 气体才能扩散至这里,但对背景大气 CO_2 浓度的影响已经很小。在距离轴线 20 m 以下的区域内,随着时间的变化,扩散中心处 CO_2 浓度逐渐升高达到峰值,随着尾喷流 CO_2 气体的扩散,大约在 45 s 以后尾喷 CO_2 对背景大气 CO_2 浓度的影响逐渐降低,直至接近背景大气的 CO_2 浓度。

从图 2.3 中还可以看出,在轴线的不同距离位置处,尾喷流 CO_2 的浓度峰值随着距离的增加而逐渐降低,在离轴线 5 m 处 CO_2 浓度最高可达到约 1.68×10^{-5} kmol/m^3(约 900 ppm);在离轴线 10 m 处 CO_2 浓度为 9×10^{-6} kmol/m^3(约 500 ppm);从距离轴线 20 m 处开始,CO_2 浓度峰值从 6×10^{-6} kmol/m^3(约 350 ppm)逐渐衰减,直至趋于背景大气 CO_2 浓度 5×10^{-6} kmol/m^3。

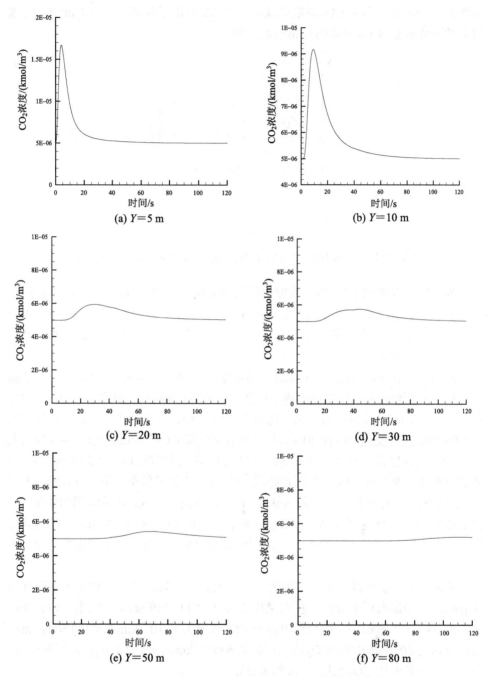

图 2.3　尾喷口不同距离点尾喷流 CO_2 浓度随时间的扩散曲线

利用 FLUENT 仿真软件对典型战斗机尾喷流中的 CO_2 扩散特性进行仿真分析，得到如表 2.2 所示的统计规律。从表中可以看出，即使在飞机飞离探测空域 30 km 时，其对背景大气 CO_2 浓度产生的影响还是比较明显的，仍比背景大气 CO_2 浓度高出 0.0015%。在对目标空域进行快速立体扫描时，扫描速率可以达到几十赫兹，能够探测到的目标处 CO_2 浓度会远高于 0.0015%，这就为通过探测目标引起的大气 CO_2 浓度扰动量实现对空中飞行目标探测、预警提供现实依据。

表 2.2　某典型战机的尾喷流 CO_2 成分扩散特性统计

轴向距离/m	尾喷流截面半径/m	扩散时间/s	背景大气 CO_2 浓度突变量
10	0	0	0.0275%
2000	18	6.4	0.006%
10000	30	31.8	0.0035%
30000	80	95.5	0.0015%

2. 大气 CO_2 扰动激光相干探测基本方法

1）差分吸收激光探测技术

差分吸收激光探测技术利用 CO_2 气体特定的吸收谱带特性进行探测，其实质是基于朗伯-比尔定律，结合吸收气体对特定波长激光的吸收截面，通过特定路径上的气体对激光的吸收量来反解出待测气体的浓度。差分吸收激光探测，需发射两束波长相近的激光，其中一束激光的波长位于 CO_2 的吸收峰附近，记为峰尖波长 λ_{on}，另一束激光的波长处在吸收峰两端的外侧，记为峰外波长 λ_{off}[5]，CO_2 对 λ_{on} 的吸收衰减强于 λ_{off}。由于 $\lambda_{on} \approx \lambda_{off}$，且经过的大气路径相同，因而能很大程度上消除测量中的共模成分干扰，如减小大气环境中气溶胶、湍流及其他分子对测量的影响，提高系统的抗干扰能力[6]。对 λ_{on} 和 λ_{off} 的回波信号进行综合处理就可以反演出 CO_2 气体的浓度信息。图 2.4 是差分吸收激光雷达基本原理图。

根据激光雷达公式(2-2)，可得到 λ_{on}、λ_{off} 对应的激光雷达回波为

$$\begin{cases} P_{on}(R) = \dfrac{P_o(\lambda_{on})C(\lambda_{on})A\beta(\lambda_{on},R)\Delta R}{R^2}\exp\left\{-2\int_0^R [\alpha(\lambda_{on},z)+N(z)\sigma_{on}]\mathrm{d}z\right\} \\ P_{off}(R) = \dfrac{P_o(\lambda_{off})C(\lambda_{off})A\beta(\lambda_{off},R)\Delta R}{R^2}\exp\left\{-2\int_0^R [\alpha(\lambda_{off},z)+N(z)\sigma_{off}]\mathrm{d}z\right\} \end{cases} \quad (2\text{-}3)$$

式中，A 为接收面积；$C(\lambda_i)$, $i=on,off$ 是探测系统效率因子；$\beta(\lambda_i,R)$ 为后向散射系数；$\Delta R = R_2 - R_1$ 是空间取样距离；R 是探测距离；$P_o(\lambda_i)$ 是发射的初始激光功率；$\alpha(\lambda_i,z)$ 是除吸收气体外，其他大气粒子的吸收系数；$N(R)$ 是距激光雷达 R 处的吸收气体分子浓度；$\sigma_i(i=on,off)$ 是待测气体分子的吸收截面。在 ΔR 内，

认为 CO_2 差分吸收截面 $\Delta\sigma = \sigma_{on} - \sigma_{off}$ 不变。

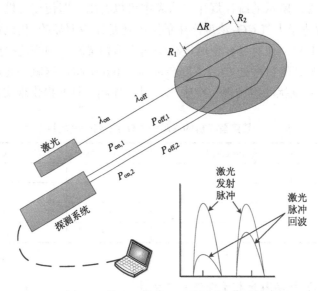

图 2.4　差分吸收激光雷达基本原理图

式(2-3)中两式相除取对数可得

$$\int_0^R N(z)[\sigma_{on} - \sigma_{off}]dz$$
$$= \frac{1}{2}\left\{\ln\frac{P_{off}(R)C(\lambda_{on})P_0(\lambda_{on})}{P_{on}(R)C(\lambda_{off})P_0(\lambda_{off})} - \int_0^R [\beta(\lambda_{on},z) - \beta(\lambda_{off},z)]dz\right\} \tag{2-4}$$

由于 $\lambda_{on} \approx \lambda_{off}$，可近似认为 $\beta(\lambda_{on},R) = \beta(\lambda_{off},R)$，$C(\lambda_{on}) = C(\lambda_{off})$。对于脉冲差分吸收激光雷达，具有较高的空间分辨能力，在空间取样距离内 on/off 光除衰减不同外，其他的大气传输参数近似相等，气体浓度的反演公式可简化为[7]

$$N_w(R_1, R_2) = \frac{1}{2\Delta\sigma\Delta R}\ln\frac{P_{off}(R_2)P_{on}(R_1)}{P_{on}(R_2)P_{off}(R_1)} \tag{2-5}$$

2) CO_2 扰动激光相干探测

相比直接探测，相干探测在探测系统中引入了较强的本振光，能有效实现皮瓦量级的微弱光信号探测。对采用外差探测的相干探测激光雷达而言，假设信号光 E_s 和本振光 E_l 到达探测器上的瞬时场为

$$\begin{cases} E_s = E_{s0}(r)\exp[i(\omega_s t + \varphi_s)] \\ E_l = E_{l0}(r)\exp[i(\omega_l t + \varphi_l)] \end{cases} \tag{2-6}$$

探测器光电流表达式为

$$i = \rho \int \frac{1}{2} \mathrm{Re}[(E_1 + E_s) \bullet (E_1 + E_s)^*] \mathrm{d}r = i_{\mathrm{dc}} + i_{\mathrm{if}} \tag{2-7}$$

对于平方律器件，有

$$\begin{cases} i_{\mathrm{dc}} = \frac{1}{2} \rho \int (E_s^2 + E_1^2) \mathrm{d}r \approx \rho P_1 \\ i_{\mathrm{if}} = \rho \eta_{\mathrm{h}} \int E_s E_1^* \cos(\omega_{\mathrm{if}} t + \varphi_s - \varphi_1) \end{cases} \tag{2-8}$$

式中，η_{h} 是外差效率，与本振光和信号光之间的偏振方向、传播方向、波面匹配度以及两束光入射探测器的角度有关，当本振光和回波光完全匹配时，$\eta_{\mathrm{h}} = 1$；ω_{if} 是差频的中频频率。

外差探测的中频信号包含了回波幅值，考虑到跨阻放大电路的增益 G，结合光功率和幅值的关系式 $P_i = 0.5 E_i^2 (i = \mathrm{s,l})$，式(2-8)简化为

$$V_{\mathrm{if}} = 2 \rho \eta_{\mathrm{h}} G \sqrt{P_1 P_s} \cos(\omega_{\mathrm{if}} t + \varphi_s - \varphi_1) \tag{2-9}$$

回波幅度的提取方式与连续波调幅差分吸收激光雷达类似，可采用FFT方法，提取出差频频点处的幅值。电压信号和回波功率有平方关系，由式(2-5)，可知差分吸收相干探测时，CO_2 浓度为

$$N_{\mathrm{w}}(R_1, R_2) = \frac{1}{\Delta \sigma \Delta R} \ln \frac{V_{\mathrm{if\_off}}(R_2) V_{\mathrm{if\_on}}(R_1)}{V_{\mathrm{if\_on}}(R_2) V_{\mathrm{if\_off}}(R_1)} \tag{2-10}$$

式中，$V_{\mathrm{if\_}i}(R_j)$，$i = \mathrm{on,off}$，$j = 1,2$ 是不同距离处回波中频信号的幅值。

2.1.3　风场扰动激光相干探测基本原理

1. 大气风场扰动特性

自然界的风主要是太阳辐射造成地球表面空气受热不均而引起的大气运动。风场是随着时间和空间而不断变化的，具有易变性和不可控性。由于风的随机性很强，对某一地区风场特性的统计需要有大量气象数据的支撑，观测时间一般是五到十年。

大气中往往会出现不稳定的气流，这种在空间和时间上分布的不规则的气流称为湍流，其中颠簸、风切变都是湍流的表现形式。风切变是一种比颠簸更为危险的风速和风向突然改变的局部大气湍流运动。湍流的另一种表现为出现在晴朗的高空中的晴朗湍流，是一种强烈的气流运动，出现前没有任何预兆。风切变和晴空湍流危害性很大，一直都是气象学家们研究的重点课题。大气运动按照水平范围可分为大、中、小、微四类尺度。大尺度范围为几千公里，中尺度范围为几百公里，小尺度范围为几公里到几十公里，微尺度范围为几百米到几公里。若对小范围内的大气变化做出精确预测，对目标侦察具有重要的意义。

空中飞行目标在大气中飞行时，会引起周围局部大气环境产生扰动等特性变化。其中大气扰动主要包括大气风场扰动、大气成分扰动和大气温度扰动三个方面。空中目标产生的这些扰动场会在周围环境中较大范围内扩散，从而使扰动场探测成为可能[8]。其中，大气振动扰动主要是由于空中飞行目标引起的局部大气风场的变化，从而改变一定区域内的风场运动信息。以空中飞机为例，空中飞机飞行时会引起周围大气风场的剧烈扰动，形成了尾喷、尾涡两种扰动形式。尾喷是飞行中飞机发动机向后喷射产生的气流，比较容易消散，持续时间较短，而尾涡是在飞机获得升力时形成的，它是由飞机两侧机翼引发的剧烈风场扰动。

由空气动力学的相关理论可知，飞机以一定的迎角和速度在空中飞行时，相对气流流过机翼，由于机翼上下表面的压力不同，导致机翼下表面气流流向翼尖方向，机翼上表面气流流向翼根方向，在机翼上下表面气流同时到达机翼后缘处时即形成自由涡面，此时气流仍具有后向的运动速度，其结果是在两个机翼后方形成翼尖涡流。尾涡的强度由飞机自身的重量、空中飞行速度和机翼展宽等参数所决定[9]。

2. 目标扰动风场数值分析

以某型轰炸机为例，选用轰炸机典型参数，利用 FLUENT 软件对其尾涡范围进行详细的数值模拟分析。设定飞行马赫数为 $Ma=0.8$，飞行高度为 8 km，机翼翼展 $B=52.43$ m，飞机质量 $M=170\ 779$ kg，模拟空间区域为 $4\ B\times4\ B$ 空间。图 2.5 为在 FLUENT 软件中模拟的尾涡在竖直平面内随时间的演化扩散结果，坐标轴 Z、Y 分别代表空间的纵向和横向。

从图 2.5 可以看出，轰炸机产生的风场扰动具有很强的空间和时间扩展性，横向扩散范围约 100 m，纵向扩散范围约 80 m，持续时间长达 200 s，根据飞行速度可得到尾涡扩散距离可远达 10 km，由此可见目标引起的风场扰动具有很强的可观测性。

3. 风场扰动激光相干探测

多普勒效应是激光雷达探测风场信息的基础。气溶胶粒子的质量较小，但远高于气体分子质量，自身热运动可忽略，将其作为大气风场探测的示踪物，它的运动速度反映了大气风场的速度。根据气溶胶粒子散射光的多普勒频移获得待测风场的径向风速，再结合一定的扫描方式，即可得到矢量风场[10]。激光多普勒测量大气风速的原理可用图 2.6 表示。

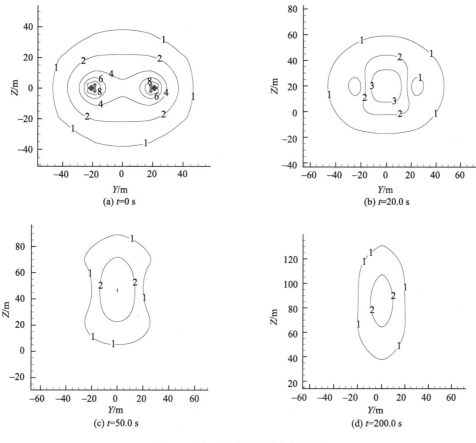

图 2.5　尾涡随时间的演化扩散图

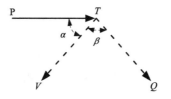

图 2.6　激光多普勒效应原理

图 2.6 中，α 是光源 P 入射方向与气溶胶粒子运动速度 V 方向之间夹角，β 是探测系统接收方向 Q 与运动速度 V 方向之间的夹角。设光源 P 频率为 f，则 T 点接收到的光频率 f_1 和 Q 点接收到的光频率 f_2 分别为

$$f_1 = \frac{f}{\sqrt{1-\dfrac{V^2}{c^2}}}\left(1+\frac{V}{c}\cos\alpha\right)$$

$$f_2 = \frac{f_1 \sqrt{1 - \dfrac{V^2}{c^2}}}{1 - \dfrac{V}{c} \cos \beta} \tag{2-11}$$

由式(2-11)可得

$$\frac{f_2}{f} = \frac{1 + \dfrac{V}{c} \cos \alpha}{1 - \dfrac{V}{c} \cos \beta} \tag{2-12}$$

对式(2-12)做 $\dfrac{V}{c}$ 的泰勒展开,并忽略高阶项,得到多普勒频移为

$$f_D = f_2 - f = 2 \frac{Vf}{c} \cos \frac{\alpha + \beta}{2} \cos \frac{\alpha - \beta}{2} \tag{2-13}$$

式(2-13)建立了多普勒频移与气溶胶粒子运动速度之间的定量关系,当激光P的频率 f、α 和 β 确定时,测得的多普勒频移 f_D 与气溶胶粒子运动速度 V 成正比。上式适用于双基地测风激光雷达。对单基地测风激光雷达,天线装置收发合置,此时散射角度满足 $\alpha = \beta$,则单基地测风激光雷达系统中多普勒频移与气溶胶粒子运动速度之间的关系式为

$$f_D = 2 \frac{Vf}{c} \cos \alpha \tag{2-14}$$

假设气溶胶粒子运动速度 V 在激光束方向上的分量速度为 V_r,即径向速度为 V_r,则径向速度 V_r 与多普勒频移的关系可表达为[11]

$$V_r = = \frac{c f_D}{2f} = \frac{\lambda f_D}{2} \tag{2-15}$$

式中,λ 为发射激光波长。

由上式可以看出,检测出多普勒频移就可以得到大气风场的径向风速,通过扫描探测不同方向上的径向风速,则可进一步获得大气风场的三维空间分布。

2.2　大气扰动激光相干探测实验系统

为实现高精度、远距离、快速的大气扰动激光探测,需要提高相干探测激光雷达的信噪比。除提高激光源的功率、线宽外,还需要对从激光发射到信号处理涉及的各个环节进行优化设计,力求充分利用激光能量。作者团队基于相干激光大气扰动探测的理论及应用研究[12-14],研制了用于大气扰动探测的激光相干探测实验系统。

2.2.1　探测系统总体结构

1. 基本组成

相干激光探测系统基本组成如图 2.7 所示。该系统主要包括激光源、光学收发模块、偏振分集模块和信息处理模块部分。通过该系统可同时实现大气 CO_2 成分、大气风场以及气溶胶退偏度等多个大气扰动参数的测量。

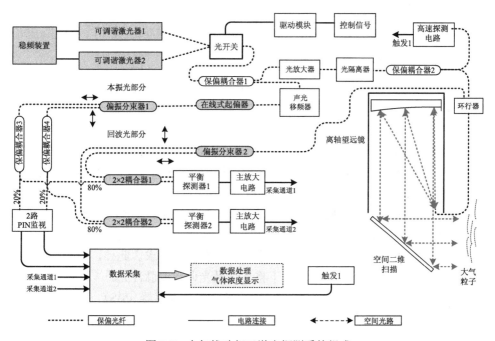

图 2.7　大气扰动相干激光探测系统组成

(1)激光源。为实现大气风场和 CO_2 同时探测，需要精确选择差分吸收激光波长。如图 2.8 所示，CO_2 在 1.57 μm 附近有丰富的吸收线，因而本系统选定的 on 光和 off 光分别为 1572.335 nm 和 1572.180 nm。在这两个波长处受大气中其他吸收成分(如水汽等)的影响较小，并且对应的吸收截面差异也足够大。

系统中使用 NKT 激光器和 Santec 激光器，分别产生 on 和 off 光，而后经光开关分时选通，得到一系列的 on 和 off 光脉冲对。NTK 激光器的线宽约为 10 kHz，Santec 激光器的线宽有 50 kHz 和 40 MHz 两种可选。两种激光通过光开关选通后，再经倒置的光纤耦合器分成两个支路，一路光经声光移频后用作本振光，另一路光经脉冲调制、放大后发射至待测大气区域。

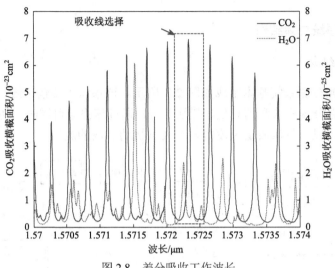

图 2.8　差分吸收工作波长

(2)光学收发模块。该模块包括望远镜、光纤环行器。使用光纤环行器实现收发光路隔离，光纤环行器的发射端位于望远镜的焦点处。光纤激光器输出连续光（毫瓦量级）后，需使用声光调制器（AOM）和掺铒光纤放大器（EDFA）实现脉冲调制和光放大。使用光隔离防止光纤端面的反射光引起激光器产生自激振荡。光学系统的畸变对发射光束远场分布、后向散射回波接收效率影响很大，特别是系统直接将空间光聚焦至单模光纤中，对系统装调有较高要求。此外，实验中使用的光开关是电光开关，在电脉冲控制下将连续激光调制成脉冲光。

(3)偏振分集模块。由 2 个完全相同的光纤偏振分束器（PBS）、2 个 3 dB 保偏光纤耦合器 （PMC）和 2 个平衡探测器组成。该模块可实现部分偏振光中偏振分量的外差探测，并且可应用于任何偏振态的偏振激光，主要误差在于本振光支路偏振分束比的稳定性。经光纤传输后，若本振光支路偏振不稳定，需利用 PIN 光电探测器构建监视电路，对 2 个 PBS 输出支路的光强进行实时测量。此外，3 dB PMC 的分束比应尽可能接近 0.5，否则在平衡探测中本振光的过剩强度噪声无法得到有效抑制，从而使探测信噪比下降。常见的 PBS 有两种结构，如图 2.9 所示。实验中使用的 PBS 结构见图 2.9(b)，输入光纤慢轴和偏振晶体（双折射晶体）的光轴成 45°角。当激光偏振方向和光纤慢轴对准时，经过 PBS 后分成两路偏振正交、功率相等的光束。

在大气探测中，气溶胶散射回波的偏振度和偏振态均发生变化，通常可按部分偏振光建模，因此信号光和本振光存在偏振失配[15]。使用偏振分集模块保证偏振匹配，其采用两个光纤偏振分束器，以被动方式工作，使激光相干探测的性能与回波光偏振态无关。相较于主动偏振控制，偏振分集降低了系统的复杂度。

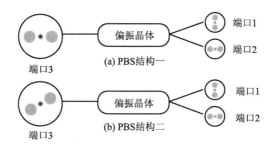

图 2.9   PBS 的两种基本结构

气溶胶散射回波光场一般可分为自然光和偏振光分量，其中仅有偏振光分量能在相干探测中被有效利用[16]。不失一般性，用椭圆偏振光表示激光回波中的偏振分量，如图 2.10 所示。偏振分集接收的基本原理如图 2.11 所示。信号光和本振光通过偏振分束器进行分光，然后将偏振方向相同的光进行混频。

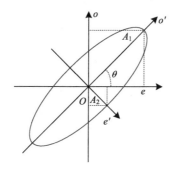

图 2.10   椭圆偏振光

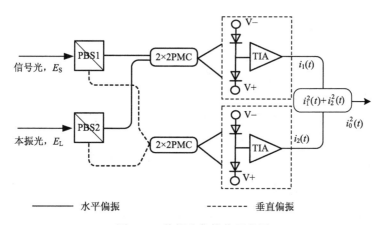

图 2.11   偏振分集接收示意图

(4)信息处理模块。在光脉冲发射端放置高速光电探测器，每个发射光脉冲产生相应的触发信号去控制数据采集卡对回波中频信号进行采样，而后分别对频移和幅值进行处理，得到风场和成分场信息，该模块的部分功能由上位机软件处理实现。

2. 工作模式

激光脉冲的重频可调，保证探测脉冲在大气湍流时间内(毫秒量级)，声光调制器移频量为 80 MHz。on/off 激光器经过光开关分时选通后，接入声光调制器，将连续光斩波形成纳秒量级的脉冲光，然后再经过 EDFA 进行光放大。

针对不同的应用场合，使用的处理方式略有不同。

(1)进行差分吸收探测时，需要通过偏振分集方法提取 on/off 光的幅值。on 光信噪比较低，是影响探测精度的主要因素。

(2)进行风场探测时，一般只利用 off 光进行探测，光开关仅仅选通 off 光。根据探测信噪比给偏振分集两个支路的频移量以不同的权重，而后通过加权平均得到最终的频移值量。

(3)进行大气气溶胶探测时，处理流程与(2)类似，分别提取两个正交支路中频信号幅值。由于大气探测激光雷达出射偏振态为水平偏振，当存在垂直分量时则表明出现了退偏振现象。实际上，在(1)中对同一回波数据按照(2)、(3)的方法也能实现三种物理量的同时观测。

2.2.2 探测系统参数设计

1. 激光器参数设计

大气探测激光雷达接收的回波是距离门内大量无规则气溶胶粒子的后向散射回波信号的叠加，其探测性能依赖于后向散射信号的功率。后向散射回波信号一般用高斯随机过程表示，噪声为高斯白噪声。

1)理想情况下信噪比计算

为同时减小水汽和 CO_2 吸收的影响，大气探测激光雷达系统常用波长分别为在 1.5 μm 波段和 2.05 μm 波段附近。参见文献[17]的计算方法，在大气分子和气溶胶共同作用下，在该波段处的后向散射系数和吸收系数分别为

$$\begin{cases} \beta(R) = 0.8398 \times 10^{-3} \exp(-R/2) + 1.74 \times 10^{-6} \exp[-(R-20)^2/36] + 2 \times 10^{-5} \exp(-R/7) \\ \alpha(R) = 4.20 \times 10^{-2} \exp(-R/2) + 8.70 \times 10^{-5} \exp[-(R-20)^2/36] + 1.67 \times 10^{-4} \exp(-R/7) \end{cases}$$

$$(2\text{-}16)$$

$$\begin{cases} \beta(R) = 0.657 \times 10^{-3} \exp(-R/2) + 1.37 \times 10^{-6} \exp[-(R-20)^2/36] + 7.7 \times 10^{-6} \exp(-R/7) \\ \alpha(R) = 3.285 \times 10^{-2} \exp(-R/2) + 6.82 \times 10^{-5} \exp[-(R-20)^2/36] + 6.45 \times 10^{-5} \exp(-R/7) \end{cases}$$

$$(2\text{-}17)$$

采用平衡式相干探测能消除相干探测中的共模噪声影响，并提高相干探测信噪比，此时相干探测信噪比为

$$\mathrm{SNR}_{\mathrm{ideal}} = \frac{i^2}{i_{\mathrm{shot}}^2 + i_{\mathrm{excess}}^2} = \frac{(\eta_1 + \eta_2)^2 (1-\varepsilon)\varepsilon P_{\mathrm{S}} / h\nu}{[\eta_1 \varepsilon + \eta_2 (1-\varepsilon)]\mathrm{BW} + 10^{\mathrm{RIN}/10}/(2h\nu)P_{\mathrm{L}}[\eta_1 \varepsilon - \eta_2 (1-\varepsilon)]^2 \mathrm{BW}}$$

$$(2\text{-}18)$$

式中参数意义和其他取值如表 2.3 所示。

表 2.3　平衡探测中各参数意义和部分典型值

参数	物理意义	取值	参数	物理意义	取值
η_1, η_2	量子效率	0.8	P_{L}	本振功率	10 mW
RIN	过剩强度噪声	−115dBc/Hz	P_{S}	回波信号	10^{-12} W
BW	带宽	77.4MHz	ε	3 dB 耦合器分束比	0.493
R_{a}	光学系统半径	75mm	η_{opt}	发射能量	1 mJ

2) 光束截断时系统效率分析

实际系统对发射光束有不同程度的截断作用，用 GSM 光表示部分相干光，当相干性无穷大时，GSM 光束即为高斯光束。外差激光雷达的系统效率 η_{s} 与外差效率 η_{h} 成正比，

$$\eta_{\mathrm{h}} = \eta_{\mathrm{s}} / T_{\mathrm{t}} \qquad (2\text{-}19)$$

式中，T_{t} 是发射光束通过光学系统后的透过率，其可表示为

$$T_{\mathrm{t}} = \int_0^{R_0} 2\pi I_{\mathrm{t}}(r) r \,\mathrm{d}r \Big/ \int_0^{\infty} 2\pi I_{\mathrm{t}}(r) r \,\mathrm{d}r \qquad (2\text{-}20)$$

式中，I 是光强分布；R_0 是发射光学系统半径。

经复杂运算推导，可得激光雷达的广义系统效率方程为[18]

$$\eta_{\mathrm{E}}(z) = \frac{128F^2}{\rho_{\mathrm{T}}^4} \int_0^{\infty} A_{\mathrm{T}}(r,z) A_{\mathrm{BPLO}}(r,z) r \,\mathrm{d}r \qquad (2\text{-}21)$$

式中，下标 T 和 BPLO 分别表示目标平面上的发射光束和等效后向传输的本振光束，其他参数表示为

$$A_{\mathrm{T,BPLO}}(r,z) = \sum_{m=1}^{N} \sum_{n=1}^{N} \frac{a_m a_n^*}{4\beta_{\mathrm{T,BPLO}}^2} \exp\left[-\frac{F^2 r^2}{\beta_{\mathrm{T,BPLO}}^2} \left(b_m + b_n^* + \frac{2}{\rho_{\mathrm{T}}^2} \right) \right] \qquad (2\text{-}22)$$

当光束相干性较好时，可用高斯光束等效，不同截断和传输距离处的系统效率如图 2.12 所示。

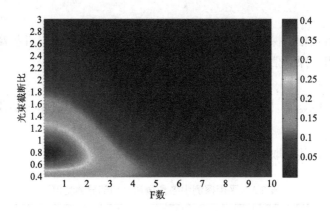

图 2.12　系统效率随系统参数的变化（见彩图）

当光束的截断比 $\rho_m = 0.801$ 时，在较远距离（或较小 F 值）处，高斯光束混频时的接收效率 $\eta_{sm}(z)$ 取值最大，该截断比作为系统参数设计值时，$T_t = 95.5\%$。结合式 $\eta_s = \eta_h T_t$，准直模式下不同波长处的外差效率见图 2.13，相干度 $\xi = 1 + R_t^2 / \sigma_0^2 = 1.01$。

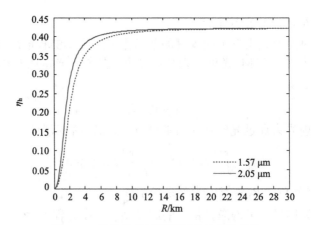

图 2.13　外差效率随探测距离的变化规律

当探测距离足够远时，外差效率能接近外差效率理论最大值 $\eta_{hm} = 42.24\%$。对于近距离探测，其混频效率较低，使用较长的波长时，相同探测距离下能获得较高的外差效率。

3）重频与脉宽选择

为使脉冲不存在互扰，不同的探测距离存在着重频上限。对一定探测距离 R，其重频应该满足以下条件：

$$f_r \leqslant \frac{c}{2R} \tag{2-23}$$

对于 R_{max}=10 km，f_r<15 kHz；对于 R_{max}=20 km，f_r<7.5 kHz。

按表 2.3 中数据，在 5000 个脉冲积累，仰角 $\pi/3$，采样率 800 MS/s 下，不同脉宽下风速估计精度的克拉默-接奥下界(CRLB)见图 2.14。

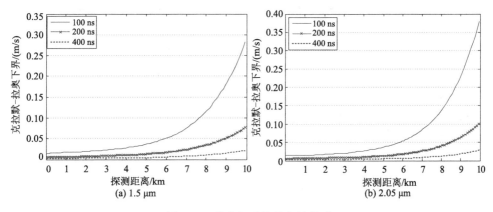

图 2.14　脉宽与系统精度的关系

可见，窄脉宽虽然能提高距离分辨率，但在同样探测距离下，其探测性能较宽脉冲有所下降。另外，由于 2.05 μm 激光波长较长，在同样探测距离条件下的探测性能较 1.5 μm 有下降。因此从探测性能和实际激光器工程实现考虑，脉宽参数为 400 ns 比较合适。

4) 波长稳定性需求

对 CO_2 的差分吸收探测，波长主要在 1572 nm 波段和 2051 nm 波段[19]。不同波段处的差分吸收截面如表 2.4 所示。

表 2.4　CO_2 差分吸收探测典型波长

λ_{on} /nm	λ_{off} /nm	σ_{on} /cm^2	σ_{off} /cm^2
1572.335	1572.180	6.95×10^{-23}	2.44×10^{-24}
2050.967	2051.260	6.61×10^{-22}	2.22×10^{-23}

当激光波长处于 on、off 波长时，CO_2 含量解算值应为 0.04%。当激光器波长漂移时，实际的光学衰减将减小，但计算采用的差分截面值是定值，导致解算的浓度偏小。因而激光波长稳定度的要求如表 2.5 所示。

表 2.5　不同波长处波长稳定度需求

探测误差要求	λ_{on1}	λ_{off1}	λ_{on2}	λ_{off2}
$\pm 2\times 10^{-6}$	± 1.731 pm	± 10.5 pm	± 1.89 pm	± 76 pm
$\pm 5\times 10^{-8}$	± 0.469 pm	± 3.7 pm	± 0.56 pm	± 7.43 pm

5) 激光能量选择

可以根据激光雷达探测大气风场和成分场扰动的探测精度和探测距离等参数要求，反推出激光雷达发射激光能量。例如，对于风场探测，评价风速估计性能的重要标准是估计的无偏性和估计能够达到的最佳性能，即克拉默-拉奥下界 (CRLB)。当风速引起的多普勒频移与周期图的频率分辨单元的中心频率一致时，最大似然 (ML) 离散谱峰值 (DSP) 估计是风速的无偏估计。相干测风激光雷达系统的风速测量精度由接收机接收气溶胶粒子后向散射信号的信噪比 (SNR) 决定。单个脉冲风速多普勒谱分布服从高斯线型并且统计独立，风速测量精度的克拉默-拉奥下界为

$$v_{\text{cr}} = \frac{\lambda f_{\text{s}}}{2}\frac{w}{\sqrt{NM}}\left\{\int_{-1/2}^{1/2}\frac{(f/w)^2}{\left[1+\left(\frac{\text{SNR}}{\sqrt{2\pi}w}\mathrm{e}^{-\frac{f^2}{2w^2}}\right)^{-1}\right]^2}\,\mathrm{d}f\right\}^{-1/2} \tag{2-24}$$

式中，λ 是发射激光波长；N 为积累脉冲数；M 为采样点数；SNR 为回波信噪比；f_{s} 为采样频率；$w = \Delta w / f_{\text{s}}$ 为归一化谱宽。

激光回波存在多普勒移频，对于 ± 30 m/s 的测风范围，需要系统中带通滤波器的带宽为 77.92 MHz (@1.54 μm) 和 58.54 MHz (@2.05 μm)，对采集后的数字信号可使用数字滤波方法进一步降低噪声。

在测风领域，为实现高分辨率探测，距离门大多设定为 100 m 以内，数据采集时间较短，采样率较低时，M 较少，影响频率分辨精度。此外，探测高度越高，大气粒子分布就越少，大气后向散射能量越小，信噪比也越低。为降低大气衰减，相干测风系统的典型波长集中在 1.54 μm 与 2.06 μm 附近。目前，机场使用的相干激光雷达系统典型作用距离 10 km，风场测量精度 0.2～1 m/s，时间分辨率 0.25～1 s，距离分辨率 60～100 m。

因此为满足风场扰动探测需求，需要选择合适的激光参数。以靶场风场测量为例，靶场中实验武器的周围风场能在一定程度上反映其工况，由于需要远距离探测，对高能激光脉冲需求较大。激光雷达初步按照 0.4° 的步进扫描，1 s 内扫描

5 个角度，此时扫描点的间隔分别为 69.8 m(@10 km) 和 139.6 m(@20 km)，也可以按实际需要确定每帧的扫描角范围。不同仰角探测时，大气粒子浓度不同，回波也有差异。在 PPI 扫描中，分别考虑仰角为 $\pi/6$、$\pi/8$ 两种情况，不考虑仰角过大的情况，因为使用的气溶胶分布规律在高度过大时，误差较大。在靶场测量中，相干测风系统的典型参数如表 2.6 所示。

表 2.6　靶场相干测风系统基本参数

距离分辨率	探测精度	扫描速度	扫描形式	光学口径
60 m	1 m/s	2 (°)/s	PPI/RHI	150 mm

在上述指标下，不同波段相干激光雷达的激光器需求和相应的理论探测性能见图 2.15（使用一组带宽为 5 MHz 的窄带滤波器覆盖风速对应的多普勒频移范围），参考美国 WindImager 相干激光雷达系统所用激光的重频和脉冲能量，计算典型能量和重频下 CRLB 随探测距离的变化情况(实际系统的精度很少能达到 CRLB 下限，保守计算以 CRLB 下限 0.25 m/s 作为 1 m/s 的探测标准)，计算中仅考虑了脉宽为 400 ns 的情况。

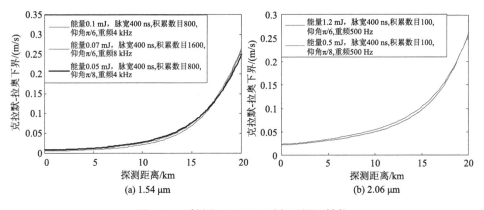

图 2.15　采样率 800MS/s 时相干测风性能

由图 2.15(a) 可知，脉冲积累数增加 1 倍，所需脉冲能量并没有减小一半，说明增加单脉冲能量比提高脉冲的重频更有效。另外，2 μm 波段激光的重频普遍不高，因此考虑将其重频上限设定为 500 Hz。

由于信噪比 SNR 和带宽成反比，若计算出窄带宽 BW_1 下所需能量为 E_1，则达到相同探测信噪比时，在大带宽 BW_2 下(在 1.54 μm 处为 77.42 MHz，在 2.06 μm 处为 58.25 MHz)所需能量为

$$E_2 = \frac{\text{BW}_2}{\text{BW}_1} E_1 \qquad\qquad (2\text{-}25)$$

2. 收/发光学系统设计

光学系统的设计参数和加工精度影响到发射光束能量利用率和光场分布，也制约着回波光场的混频效率。在光学系统设计和加工中，不可避免地存在误差、像差，确定系统对像差的容忍度是相干激光雷达光学系统设计中的重要内容。

1) 精度计算

(1) 光学系统精度需求分析。为实现系统小型化，提高系统的稳定性，相干激光雷达系统大量采用光纤器件。当采用光纤时，回波光和本振光的混频即可采用如下方式实现：先将回波耦合入光纤，而后使用光纤耦合器实现与本振光的混频。这种方式的难点是将回波光高效率耦合到单模光纤中，优势是在光纤中混频较易实现。

在分析外差效率的影响因素时，往往采用平面波或高斯光束对光场进行建模，并将像差引到混频信号的相位项中，分析不同像差对外差效率的衰减程度。高斯光束近似下不同初级像差的相干激光雷达系统效率如图 2.16 所示。

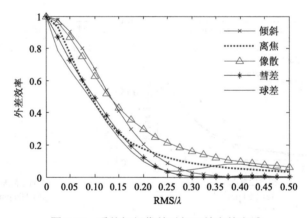

图 2.16　系统初级像差对相干效率的衰减

由图 2.16 可知，对外差效率影响最大的是系统球差，像散影响最小。因此，为保证外差效率，结合现有加工精度，光学系统的总像差应控制在 $\lambda/20$ 以内。

(2) 扫描镜加工精度影响分析。光学系统通过二维平面镜扫描实现对大空域的探测，因此二维平面镜的镜面平整度影响到中频信号的提取精度。可采用仿真分析方法来研究镜面平整度对中频信号幅值的影响：将镜面划分为 N_1 个小面元，各面元引入的相位偏差假设为 φ_i（$i=1, \cdots, N_1$），其均值为零，方差为镜面起伏均方根。总电流是探测器各电流微元之和，分别在不同信噪比和表面平整度下研究中

频信号的提取振幅。构建的信号模型为

$$s(t) = \sum_{i=1}^{N_0} \left[\cos(2\pi f_i t + \varphi_i) + n(t) \right] \qquad (2\text{-}26)$$

在每个平整度下分别仿真 10^6 次，得到的统计结果如图 2.17 所示。

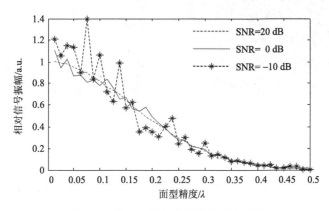

图 2.17　镜面起伏与中频信号提取误差

由图 2.17 可知，当信噪比较高时，提取的中频幅值离散度小，准确度也较高。但随着镜面平整度变差，中频信号均出现较大衰减。由于该因素是相干探测中的关键要素，考虑到实际探测中回波信噪比较低，镜面平整度的加工精度至少应满足 $\lambda/20$，最好达到 $\lambda/40$。

由于牛顿望远镜存在中心遮挡，会造成接收信号较大衰减，为此设计时采用离轴光学系统，直接将光束耦合到光纤中，其结构如图 2.18 所示。

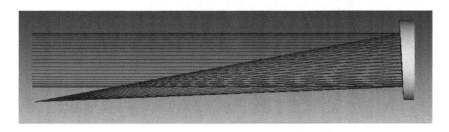

图 2.18　离轴光学系统示意图

装调后的望远镜如图 2.19 所示。镜筒基座由殷钢构成，光纤耦合基座为 FC/APC 结构。由于加工精度限制，实际的发射光斑有明显的环状条纹，且越靠近边缘，条纹越明显，如图 2.19(b) 所示。

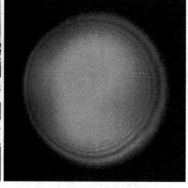

(a) 望远镜外观　　　　　　　　(b) 望远镜出射光斑图

图 2.19　离轴反射式望远镜

2)装调方法

(1)干涉仪发射准直光束，当标准凹面反射镜和离轴抛物面镜的焦点重合时，光沿原路返回，在干涉仪处形成干涉条纹，从而将抛物面镜固定。

(2)取特定厚度的平面反射玻璃紧贴在 FC/APC 光纤适配器(法兰盘)外表面，将 FC/APC 光纤插入法兰，调节法兰位置，使会聚光束位于 FC/APC 外表面中心小孔位置，使得光能反射回干涉仪。

(3)将光纤中通入可见激光(如 632.8 nm)，将反射的干涉仪光束和光纤输出光束同心，且光强最大，然后固定 FC/APC 光纤适配器，去掉特定厚度的平面反射玻璃。

在空间光-光纤的耦合效率测试中使用角反射器，通过光纤环行器 2 端和 3 端的功率比来表征耦合效率，测试实验连接见图 2.20。

$$\eta = P_2 / P_3 \tag{2-27}$$

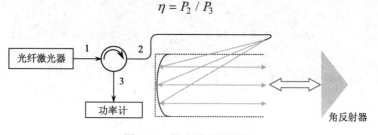

图 2.20　耦合效率测试图

实验中角反射器直径为 64 mm，低于 150 mm 的光学口径。在实际测试时，利用光学调整架使光环行器接收端的光强最大，此时角反射器位于发射望远镜的中心。按照高斯光束分布比例，对 P_3 加权，最终测得光学系统耦合效率 η 为 12.8%。实验中使用 FC/APC 的活动接口对耦合效率有一定影响，特别是当环行器 2 端接头处 FC/APC 有加工误差时，耦合效率会下降。

3. 光纤环行器参数选择

按图 2.7 的结构，光纤放大器输出光通过光纤环行器发射到大气中，因此光纤的数值孔径和芯径应匹配，从而保证激光能量有较高的利用率。EDFA 的输入端是单模熊猫光纤，为实现高功率输出需要提高光纤模场面积，输出端使用的是 20 μm 芯径的 LMA 光纤，EDFA 输出的 1.04 W 平均光功率也处于此种芯径功率阈值内。环行器的光纤应与 EDFA 输出光纤匹配，光纤环行器基本结构如图 2.21 所示。其基本原理是通过光纤准直器、旋光器件、偏振棱镜和楔形棱镜组合实现发射光路和接收光路的隔离。

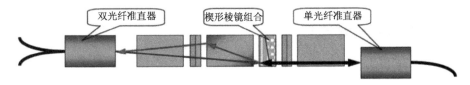

图 2.21　光纤环行器基本结构

激光发射和接收的详细流程如图 2.22 所示，图中横线和竖线分别表示光的偏振态，所在方格位置表示光束在光环行器中传输的空间位置。在激光发射端(Port 1-Port 3)，光纤环行器的光纤应和 EDFA 的光纤匹配，以实现高功率激光输出，其基本流程如图 2.22(a) 所示。光束经过双折射晶体 1 后，o 光和 e 光在空间分离，分成两束，而后经过旋光器件，两束光的偏振态均变为水平偏振光，经过双折射晶体 2，光束传播方向不变，而后经过旋光器件，使两束光偏振态正交，经过双折射晶体 3 实现两束光的合束输出，即 Port 1 和 Port 3 的偏振态一致。

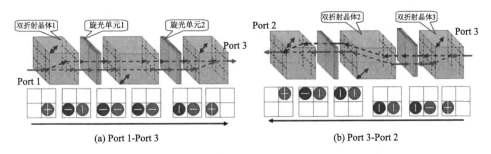

(a) Port 1-Port 3　　　　　　　　(b) Port 3-Port 2

图 2.22　光纤环行器工作原理

在激光接收端(Port 3-Port 2)，Port 3 的光纤要和后续相干探测系统匹配，需使用模场直径 10.4 μm(@1.5 μm)的 Panda 光纤，基本流程如图 2.22(b) 所示。与

图 2.22 (a)最大的不同在于：Port 2 接收光经过双折射晶体 3 和旋光器件后分成的两束光偏振方向为垂直方向，这样经过双折射晶体 2 后，两束光发生偏转，实现与发射光支路的空间分离，最后两束光再经过旋光器件和双折射晶体 1 耦合到 Port 3。

应注意到 FC/APC 接头对传输的最大光功率有限制，为安全起见最大平均光功率应在 1 W 以下。光纤环行器的基本参数见表 2.7。

表 2.7　光纤环行器主要参数

波长	隔离度	插入损耗 1-2	插入损耗 2-3	工作阈值	峰值功率
1550±25 nm	51 dB	1.4 dB	0.93 dB	5 W	10 kW

2.2.3　探测回波脉冲数据处理

1. 全相位 FFT 的中频信号处理

在大气扰动激光相干探测中，大气扰动信息特别是大气风场信息是蕴含在回波信号的频率信息中，因此就需要对信号进行频谱分析，采用傅里叶变换在频域对回波信号进行数据处理。在频域处理中，傅里叶变换(FFT)有效的前提是对信号进行等间隔采样，进而利用三角函数的正交性将时域信号准确转换到频域。但在大气探测时，由于风场不稳定性，回波中频信号的中心频率是时变的。此外，实际探测中采样速率固定且采样数据长度有限，因此存在截断效应。对采样数据进行周期延拓后的信号不是原来信号严格的等间隔采样，频谱也存在泄漏。

全相位 FFT(apFFT)能较好地抑制频谱泄漏，降低各频率成分的谱间干扰，从而更加突出中频信号，有利于提取信号的频率和幅值，且无需额外校正措施。因此在大气扰动探测的数据处理中，采用 apFFT 代替传统的 FFT。使用 apFFT 后，数据长度为 $2N$–1 的序列变成长度为 N 的数列，对于以下数据向量($x_i(j)$ 是第 i 个向量中第 j 个元素)：

$$x_0 : \qquad\qquad x(0), x(1), \cdots, x(N-2), x(N-1)$$

$$x_1 : \qquad\qquad x(-1), x(0), x(1), \cdots, x(N-2)$$

$$\vdots$$

$$x_{N-1} : x(-N+1), x(-N+2), \cdots, x(-1), x(0)$$

进行 apFFT 的处理流程主要包括两个步骤：

(1)对各长度为 N 的数据向量进行周期延拓；

$$\cdots, x(0), x(1),\qquad \cdots, x(N-2), x(N-1), x(0), x(1),\qquad \cdots, x(N-2), x(N-1), \cdots$$

$$\cdots, x(0), x(1),\qquad \cdots, x(N-2), x(-1),\quad x(0), x(1),\qquad \cdots, x(N-2), x(-1), \cdots$$

$$\vdots$$

$$\cdots, x(0), x(-N+1), \cdots, x(-2),\quad x(-1),\quad x(0), x(-N+1), \cdots, x(-2),\quad x(-1), \cdots$$

(2)对上述序列按照竖向求和，从而获得全相位的数据向量

$$\boldsymbol{x}_{\mathrm{ap}} = [Nx(0), (N-1)x(1)+x(-N+1), \cdots, x(N-1)+(N-1)x(-1)] \tag{2-28}$$

由式(2-28)可知，apFFT 相当于对以 $x(0)$ 为中心的 $2N-1$ 的数据用卷积窗加权处理，再进行 N 位移位后求和。式(2-28)是矩形窗（无加窗）时的 apFFT 结果，对采样数据进行加窗处理能提高频谱泄漏抑制能力。传统 FFT 和 apFFT 频谱分别为[20]

$$X(k) = \frac{1}{N}\frac{\sin[\pi(m-k)]}{\sin[\pi(m-k)/N]}\exp[\mathrm{j}\theta_0 + (1-\frac{1}{N})\pi(m-k)] \tag{2-29}$$

$$X_{\mathrm{ap}}(k) = \frac{1}{N^2}\exp(\mathrm{j}\theta_0)\frac{\sin^2[\pi(m-k)]}{\sin^2[\pi(m-k)/N]} \tag{2-30}$$

可见，apFFT 的幅值是传统 FFT 值的平方，且除主谱线外的其他谱线的幅值衰减很快，因此主谱线更加突出。apFFT 计算的各谱线相位对应于数据中心点的相位，具有"相位不变性"。

广义余弦类窗函数在频谱检测中应用最为广泛，可统一表示为

$$w(x) = \sum_{i=0}^{K}(-1)^i a_i \cos(2\pi ix/N) \tag{2-31}$$

式中，K 和 a_i 的组合表示不同的窗函数，当 $K=1$，$a_0 = a_1 = 0.5$ 时，该式即为汉宁窗，此窗函数是 $K=1$ 时的最佳插值窗，因此数据处理中采用该窗函数。对实验中第 6 个距离门数据（宽度 400 ns）使用 apFFT 和 FFT 处理后的频谱 $H(f)$ 如图 2.23所示。可见，apFFT 处理后谱峰值有明显提高，且谱峰宽度变窄。

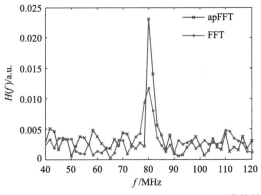

图 2.23　apFFT 和 FFT 对中频信号处理的频谱特性

2. 脉冲积累方式

由于自发辐射等因素存在，激光器和放大器出射光脉冲在能量和相位上均存在波动，这将使脉冲积累效果下降，获取发射激光的初相位能增强脉冲积累效果。

在距离分辨型激光雷达中，中频信号回波序列可表示为

$$V_{i,m}(t) = 2\rho R\sqrt{P_L P_S}\cos[\omega_0 t + \varphi(i) + \Phi_m(t)] + n(t) \tag{2-32}$$

式中，R 是跨阻增益，ρ 是响应度，$i=(1,2,\cdots,N)$ 是脉冲序列号，$m=(1,2,\cdots,M)$ 是各周期中回波的距离门标号，$n(t)$ 是白噪声，$\varphi(i)$ 是第 i 个脉冲的随机初相位，该值在 $0\sim 2\pi$ 均匀分布。$\Phi_m(t)$ 包含了第 m 个距离门中风速的频移信息，由于激光脉冲重频较高，可认为 $\Phi_m(t)$ 在 N 个脉冲时间内保持恒定。

在实际系统中，光纤环行器的串扰或光学元件的反射都会导致第一个距离门数据不可用，但该距离门内干涉信号很强，SNR 较高，因此可以从中提取发射脉冲的初相位和幅值。第一个距离门内外差信号可表示为

$$V_i(t) = 2\rho R\sqrt{P_L P_S'}\cos[\omega_0 t + \varphi(i)] \tag{2-33}$$

式中，P_S' 是串扰功率或反射功率。

在脉冲积累中，首先对各个脉冲数据进行相位对齐，如图 2.24 所示。

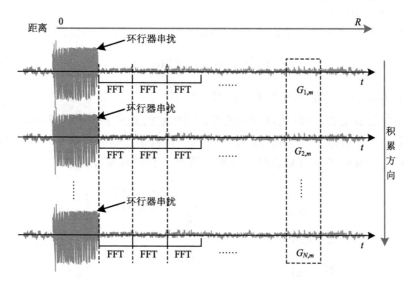

图 2.24　相干积累示意图

在图 2.24 中，$G_{i,m}$ 表示第 i 个脉冲的第 m 个距离门。将不同脉冲周期信号在相同探测距离处进行积累，相位对齐后总的积累信号可表示为

$$V_m(t) = \sum_{i=1}^{N} \mathrm{Re}\{[V_{i,m}(t) + jH_{i,m}(t)]\exp[-j\varphi(i)]\} \tag{2-34}$$

式中，$H_{i,m}(t)$ 是 $V_{i,m}(t)$ 的希尔伯特变换；j 是虚数单位。

使用传统积累方式和本书介绍积累方式的结果如图 2.25 所示。

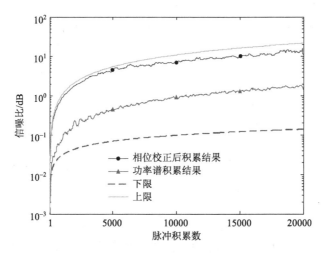

图 2.25　信噪比与积累脉冲数的关系

信号初始信噪比为−30 dB，非相干积累通过功率谱叠加方式实现，此方法对信噪比的提高比例在 N 和 $\sqrt{N}$ 之间。使用相干积累时，信噪比能近似提高 N 倍，但由于式 (2-34) 中取样噪声的影响，相位校正方法和理想值存在一定差距。得到积累的周期图后，可使用 ML DSP 方法[21]进行风速和 CO_2 的反演。

在距离门 $G_{i,m}$ 中，中频信号频谱表示为

$$X_{i,m} = (H_{i,0}, H_{i,1}, \cdots, X_{i,M-1}) \tag{2-35}$$

式中，距离门内采样点数为 M，N 个脉冲积累后的频谱可表示为

$$x = (x_0, x_1, \cdots, x_{M-1}), \quad x_m = \sum_{i=1}^{N} X_{i,m} \tag{2-36}$$

对应的风速估计为

$$v_e = \frac{\lambda}{2}(\arg\max_{i=0,1,\cdots,M-1} x_i)\Delta f \tag{2-37}$$

结合式 (2-5)，CO_2 浓度可被反演计算为

$$N = \frac{1}{2\Delta\sigma R}\ln\frac{H_{\mathrm{off}}(R)P_{\mathrm{mo}}(\lambda_{\mathrm{on}})}{H_{\mathrm{on}}(R)P_{\mathrm{mo}}(\lambda_{\mathrm{off}})}, \quad H_j(R) = x(\arg\max_{i=0,1,\cdots,M-1} x_i), \ j = \mathrm{on}, \mathrm{off} \tag{2-38}$$

式中，下标 off、on 分别表示 on 光和 off 光；mo 表示监视光功率。

由式(2-38)可知，从频谱中准确提取幅值是解算 CO_2 浓度的前提。

2.3　激光相干探测大气扰动实验

本节介绍作者团队基于所研制的相干激光雷达系统开展的大气 CO_2 和风场扰动探测实验情况。通过二维反射镜改变探测视场，实现对大气的斜程探测，探测光束的天顶角为 60°。在探测过程中，EDFA 出光的平均功率为 1.04 W，经光环行器后有一定的能量损耗，发射到大气中的激光脉冲能量约为 30 μJ，重频 20 kHz。

2.3.1　大气 CO_2 探测实验

1. 激光波长标定

利用气体池对激光器的差分吸收波长进行标定，气体池光程 50 m，实验测试硬件连接如图 2.26 所示，实验系统采用全光纤结构。

图 2.26　激光器波长标定实验装置

实验中 NKT 激光器的波长稳定性较好，主要对可扫频工作的 Santec 激光器进行标定。该激光器通过光栅实现波长扫描，能获得比 NKT 激光器的温度调谐更快的波长切换速度，该激光器的主要参数见表 2.8。

表 2.8　日本 Santec 激光器基本参数

波长	扫频速度	最小扫描间隔	扫描精度	线宽
1500～1630 nm	1～100 nm/s	0.1 s	1 pm	200 kHz/40 MHz

实验测试装置的结构见图 2.27(a)。首先在其中充入纯度为 99.99% 的 CO_2，控制充气时长，确保 CO_2 充满气体池。实验中为减小激光器功率稳定性对波长标定的影响，使用光纤分束器将激光器产生的光分成两束功率相同的光束，一束经气体池后，被 PIN 光电探测电路探测，另一路直接接入 PIN 探测器，由于激光功

率在短时间内较恒定(相对功率起伏低于 0.4%),因此使用 1 MHz 低通滤波器降低噪声影响。通过两束光强的相对值能得到气体池的绝对吸收量。实验中激光器的扫频模式见图 2.27(b),在每个周期结束后返回初始波长 λ_l,因此有一定的延时 t_d。

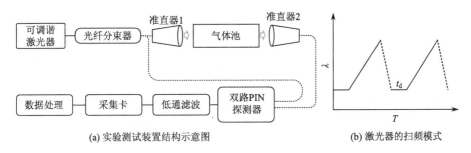

(a) 实验测试装置结构示意图　　　　　　　　　　(b) 激光器的扫频模式

图 2.27　大气 CO_2 探测系统框图及激光器扫描原理图

波长测试中气体池是 Herriot 型,激光收发端口在同一侧。在实验中使用两个相同的光纤准直器实现收/发光路的高效稳定,每个光纤准直器均使用 5 维精密光学调整架,如图 2.28 所示。由于光纤器件的灵活性,在光路调试时,可先用带有 FC 接口的半导体激光器(650 nm)对气体池光路粗调,而后再将光纤激光器和准直器光纤连接,切换成 1.57 μm 波段激光进行精调,确保耦合效率最大。

图 2.28　气体池收发端结构图

采用波长扫描方式对 Santec 激光器标定,扫描范围 1572~1573 nm,扫描速率 2 nm/s,每个扫描周期间隔 0.5 s。CO_2 在此 1572 nm 附近的精细吸收谱线如图 2.29(a)所示,该图中的差分吸收截面是利用 HITRAN2016 和逐线积分计算而求得的。波长标定结果见图 2.29(b),图中曲线 1572~1573 nm 波段各自最大值归一化后的结果。采集 100 个周期数据,取均值后得到图 2.29(b)的透过率曲线(虚线),图中实线是利用图 2.29(a)中的吸收截面求得的。由此可见激光器的波长存在较大的漂移，在差分吸收实验前应精确标定波长。

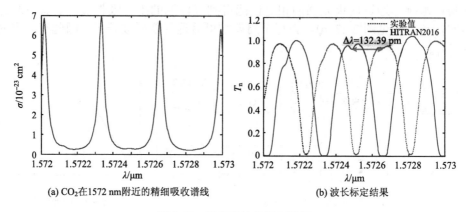

(a) CO_2在1572 nm附近的精细吸收谱线　　　　　(b) 波长标定结果

图 2.29　激光器波长标定结果

由 HITRAN 得到的 CO_2 吸收谱线的波数分辨率为 0.01 cm^{-1}，对应到 1572 nm 波段，波长间隔 $\Delta\lambda = 0.024$ pm 。图 2.29 (b)中透过率曲线按 CO_2 浓度 100% 计算，测试的透过率曲线采样率为 100 kS/s，当波长扫描速度为 2 nm/s 时，采样点对应的波长分辨率为 0.02 pm。因此，图 2.29 (b)中波长标定的精度优于 0.03 pm。

使用气体池检验激光波长的稳定性，一方面可为稳频电路提供控制信号；另一方面当激光输出波长稳定时，则可用于实时标定差分吸收截面，比理论值更可靠，并且测定结果是常温常压下的值。该种方法对于后续使用宽线宽、大能量的激光器具有借鉴作用[22]。实验中，依然采用图 2.28 的结构测试 on、off 光波长稳定性。测试时需要相对较大的激光功率以获得较高的信噪比，特别是在 on 光测试中。在 2 h 测试时间内，相对光强变化了 0.3%，说明激光器波长稳定性较好。

2. 大气扰动探测实验

1）系统探测误差

结合式(2-5)，在空间距离 R_1 至 R_2 内的差分吸收光学厚度（DAOD）为

$$\text{DAOD}=\int_{R_1}^{R_2} N(z)\Delta\sigma \, \text{d}z=\frac{1}{2}\ln\frac{P_{\text{off}}(R_2)P_{\text{on}}(R_1)}{P_{\text{on}}(R_2)P_{\text{off}}(R_1)} \tag{2-39}$$

对实验系统本底噪声和偏置的测试方法如下：首先将两台激光器的波长调节到 off 光波长上，此时理论上 DAOD 的值为 0，但实际上由于噪声等影响，DAOD 为较小的非零值(图 2.30 蓝线)，该值的均方根 ΔD 表征了测量误差[23]。而后将激光波长调节至各自工作波长处，此时 DAOD 值显著上升(图 2.30 红线)，则系统探测误差为

$$e = \Delta D / \Delta \text{DAOD} = 0.774\% \tag{2-40}$$

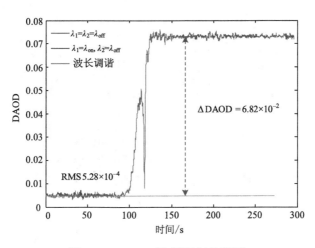

图 2.30　CDIAL 基底测试(见彩图)

由系统扫描曲线可知,从 1572.018 nm 向 1572.335 nm 调节时,激光器存在反馈过程,波长逐步稳定至 1572.335 nm。

2)大气扰动探测

扫描探测实验布局如图 2.31 所示。在不同位置处释放 CO_2 扰动,经差分吸收相干探测处理后,不关注扰动后大气 CO_2 浓度的绝对值,只关心系统的差分吸收光学厚度的增量。对实验系统的探测性能测试通过人工施加 CO_2 扰动实现。

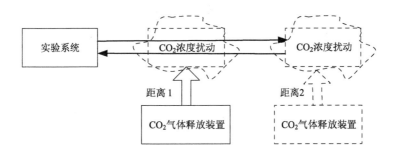

图 2.31　扰动释放示意图

2016 年 2 月 15 日 16:00,在 1 km 路径上,释放 CO_2 后的扫描探测场景和实验结果如图 2.32 所示,图中数据的时间分辨率 1 s。

(a) 二维扫描镜

(b) 不同的CO_2释放位置

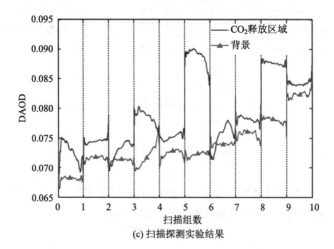

(c) 扫描探测实验结果

图 2.32   实验过程图

对每组测量数据前后两部分作差，可得到人为释放 CO_2 的扰动值，将差分吸收柱线浓度和该距离门内差分吸收标准厚度作比较，即可得到 CO_2 浓度扰动值，即

$$N_i = \frac{\Delta DAOD_i}{DAOD_r} N_{CO_2} \tag{2-41}$$

式中，扫描组数 $i=1,2,\cdots,10$，积分距离 1 km，常规大气 N_{CO_2} 约为 0.04%。

计算结果见表 2.9，可见成功测量到扰动量。

表 2.9　转镜扫描探测结果

探测组别	1	2	3	4	5	6	7	8	9	10
扰动量	5.9×10^{-5}	3.9×10^{-5}	2.5×10^{-5}	8.7×10^{-5}	3.6×10^{-5}	2.2×10^{-4}	2.0×10^{-5}	3.3×10^{-5}	1.3×10^{-4}	2.3×10^{-5}

上述方式是利用积分路径上的差分吸收积累(IPDA)方式实现的，需要目标为合作目标。实验中受限于激光功率和回波的随机性，距离分辨探测实验需要较多的脉冲积累，这就降低了时间分辨率。

在 2018 年 12 月 25 日 2:00，开展了大气背景 CO_2 浓度相干探测实验，距离分辨型探测结果如图 2.33 所示，图中积分距离 ΔR_c 设定为 0.3 km，图中各数据点表示空间 $(R_i, R_i + \Delta R_c)$ 范围内的浓度，下标 i 表示各距离门标号。由于每个激光脉冲的距离分辨率为 60 m，因此图中同一曲线上各点的间距也为 60 m，成分探测的各数值对应的空间范围存在部分重叠，相当于测量结果随探测距离进行了一定的平滑。

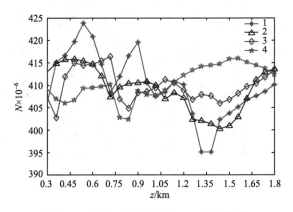

图 2.33　距离分辨型大气 CO_2 探测结果

探测时间分辨率 6 min，距离分辨率 60 m，每次测量结果间隔 5 min。可见在探测路径上，使用距离分辨探测能得到 CO_2 浓度相对精细的时空变化，而 IPDA 方式仅能得到积分路径上变化的均值。

CO_2 成分探测对信噪比的要求较高，受限于激光器功率和器件水平，如何实现距离分辨型 CO_2 快速探测仍是当前亟待解决的难题之一。

2.3.2　大气风场探测实验

相比于成分探测，风场探测需要的信噪比较低，可实现高时空分辨率的风场探测。

1. 实验过程及结果

使用激光相干探测系统开展大气风场实验，主要是对两个偏振通道的数据进行综合处理。使用功率谱最大似然估计分别得到频移信息，然后按照支路的信噪比对各自通道提取频移值进行加权求和。按照前文的处理方法，对各脉冲回波空间对齐后进行累加，再进行频域加权求和，得到增强后的频谱图。

2018 年 12 月 25 日 2:00 的相干探测数据，除能得到 CO_2 成分数据外，还能得到风速数据。经 20000 个脉冲积累后，在探测路径 z 上，某时刻不同距离门内信号频谱见图 2.34。实验中 AOM 的移频量是 80 MHz，因此当激光回波无多普勒频移时，中频频率为 80 MHz，实验的时间、空间分辨率分别为 1 s、60 m。为更好地区分各频谱的量级，图中以 dB 为单位表示。

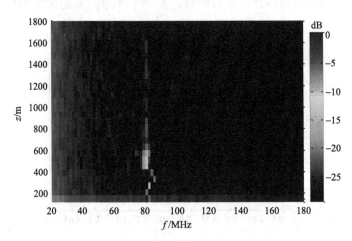

图 2.34　外场探测中频信号频域图(见彩图)

对各距离门数据使用 ML DSP 方法估计风速，由式(2-37)可解算得到径向风场，其时空分布信息如图 2.35 所示。可见在探测路径上大部分时间内，径向风场相对稳定,仅在局部存在过高的变化风场。

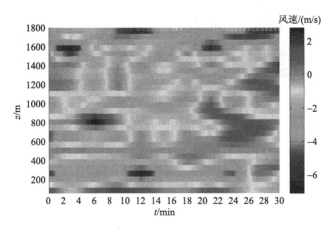

图 2.35 探测的风速时空分布图(见彩图)

利用相干探测实验系统,在 2019~2021 年间重点开展了飞机尾流的外场探测实验,实验场景如图 2.36 所示。

(a) 激光雷达实验场景   (b) 实验地点

图 2.36 机场探测实验

2020 年 8 月 14 日,在合肥新桥机场进行了起飞航班的 RHI 扫描测量实验,空间分辨率 60 m,实验中观测到的一次典型的飞机尾流从出现到沉降的全过程,客机型号为 A320,飞机距离探测系统的距离约 530 m,RHI 扫描角度范围 20°,角度间隔 0.2°,见图 2.37。

飞机引起的大气扰动除了沉降外,在图 2.37 中的水平方向上也有位移,说明测试过程中存在横风,这对扰动源的判断带来干扰。为准确得到大气扰动的运动特征,需对背景风场进行高时空分辨监测。

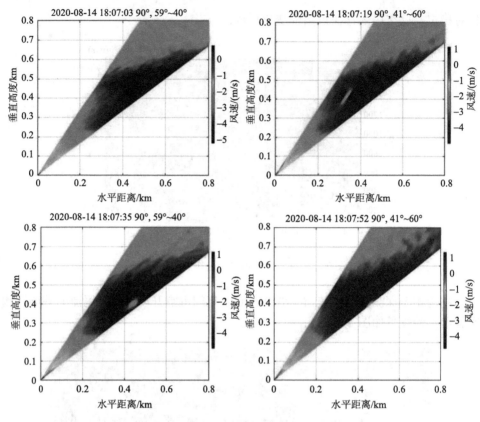

图 2.37 激光雷达观测飞机尾流(见彩图)

图 2.37 中，距离分辨率为 60 m，探测结果仅能观察到 1 个明显的风场扰动，实际上飞机的机翼间尾涡有 2 个涡核结构，因此对实验系统进行升级，发射脉宽 200 ns，对应的距离分辨率 30 m。

实验系统于 2021 年 9 月 27 日，在新桥机场再次进行了飞机扰动探测实验，晴空条件，天气稳定，16:50 开始正常观测，于 17:30 结束观测。RHI 扫描范围(俯仰角)27°~43°，扫描角速度 2(°)/s，单次 RHI 周期 8 s，距离分辨率 30 m，时间分辨率 1 s，飞机距离观测系统约为 583 m，客机型号 A320。观测到的飞机风场扰动如图 2.38 所示，图中展示出前后连续 2 帧的飞机尾涡探测结果。

由图 2.38 可知，飞机尾涡扰动在空间成对出现，扰动风向相反，左侧尾涡负风向，右侧正风向；涡核间距相对位置逐渐加大，且整体呈现向下沉降趋势。受限于雷达距离分辨率上限(30 m)，实际数据有 30 m 测量误差。

2. 精度分析

为测试频率稳定性，进行了远场静止目标测速实验。实验中，回波信号功率

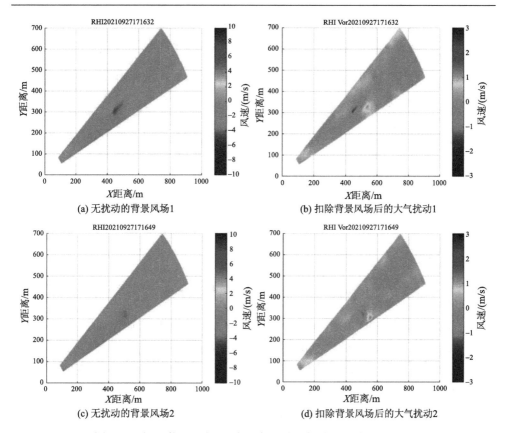

(a) 无扰动的背景风场1

(b) 扣除背景风场后的大气扰动1

(c) 无扰动的背景风场2

(d) 扣除背景风场后的大气扰动2

图 2.38　相干激光雷达观测的飞机尾流双核结构风速(见彩图)

约为 1 pW,同时使用声光移频器(上移频 55 MHz)和 AOM(移频 80 MHz),测量二者调制后的光信号。使用两个声光器件是由于声光调制器件对光衍射时,不可避免地对衍射光的光强也进行微小调制,调制频率和移频量相同,这就使得仅使用一个声光器件将无法区分出微弱回波的干涉信号和声光器件本身的干扰信号。实验中,3 组测量数据积累(1000 个脉冲积累)后的功率谱 $H(f)$ 如图 2.39 所示。

图 2.39 中清晰可见声光移频器的 1 倍频和 2 倍频信号,但没有 AOM 的 1 倍频信号,说明 AOM 的调制性能较好。其中 25 MHz 信号为中频信号,可见信号的量级很小,低于声光移频器本身的干扰信号,即系统中当仅有声光移频器工作时,将会给信号提取带来干扰。因此使用两个移频量不同的器件对于寻找真实的频移是必要的,此外,3 组数据的谱峰位置是一致的。

ML DSP 估计的概率密度是高斯分布和均匀分布的组合,高斯分布反映风速情况,均匀分布反映频率估计的噪声。该概率分布可表示为

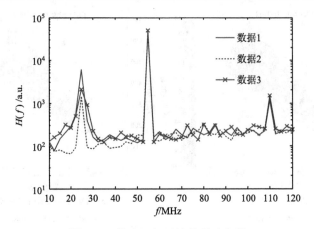

图 2.39　静止目标回波信号功率谱

$$P(v) = b + \frac{1-b}{\sqrt{2\pi}g} \exp\left[-\frac{(v-v_{\mathrm{m}})^2}{2g^2} \right] \qquad (2\text{-}42)$$

式中，b 是均匀分布的 PDF；g 是风场测量误差；v_{m} 是风速估计均值。

　　实测中频信号的功率谱满足洛伦兹线型，因此先对 apFFT 处理后的信号进行洛伦兹拟合和插值，插值后的频率分辨率为 167 kHz，再使用汉宁窗的频率插值公式得到信号的中心频率，相对偏差 δ 表示为

$$\delta = (2-\gamma)/(1+\gamma) \qquad (2\text{-}43)$$

式中，γ 是谱线中最大值 H_1 和次大值 H_{r} 的比值；δ 是信号实际中心频率 f_0 与所测谱线的相对频率差。

　　1000 组数据风场分布情况如图 2.40 所示。对各测速值出现频次进行高斯拟合后，如实线所示，拟合参数为 g=0.81 m/s，中心位置 v_{m} 为 0.12 m/s，g=0.81 m/s 即表示风速的测量精度为 0.81 m/s。

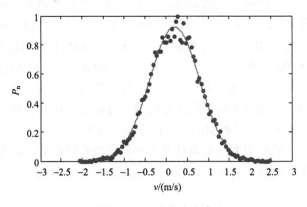

图 2.40　风速分布密度

参 考 文 献

[1] Sedarsky D L, Berrocal E, Meglinski I V, et al. Laser light scattering in turbid media Part II: Spatial and temporal analysis of individual scattering orders via Monte Carlo simulation[J]. Optics Express, 2009, 17(16): 13792-13809.

[2] Dobler J T, Harrison F W, Browell E V, et al. Atmospheric CO_2 column measurements with an airborne intensity-modulated continuous wave 1. 57 μm fiber laser lidar[J]. Applied Optics, 2013, 52(12): 2874-2892.

[3] Bing L, Syed I, Harrison F W, et al. Modeling of intensity-modulated continuous-wave laser absorption spectrometer systems for atmospheric CO_2 column measurements[J]. Applied Optics, 2013, 52(29): 7062.

[4] 董骁. 运动目标大气扰动相干激光探测系统技术研究[D]. 长沙: 国防科技大学, 2019.

[5] 胡帅, 高太长, 刘磊. 非球形气溶胶粒子散射特性及其等效 Mie 散射误差分析[J]. 气象科学, 2014, 34(6): 612-619.

[6] 董骁, 胡以华, 徐世龙, 等. 不同气溶胶环境中相干激光雷达回波特性[J]. 光学学报, 2018, 38(1): 0101001-1-0101001-9.

[7] Meglinski I, Kuzmin V L. Coherent Backscattering of Circularly Polarized Light from a Disperse Random Medium[J]. Progress in Electromagnetics Research M, 2011, (16): 47-61.

[8] 胡以华, 于磊, 徐世龙, 等. 基于周期图最大似然算法的相干激光测风多普勒频率估计[J]. 光子学报, 2016, 45(12): 1207001-1-1207001-6.

[9] 胡以华, 吴永华. 飞机尾涡特性分析与激光探测技术研究[J]. 红外与激光工程, 2011, 40(6): 1063-1069.

[10] 于磊, 胡以华, 徐世龙, 等. 风场扰动的相干激光探测建模仿真研究[J]. 光电子·激光, 2016, 27(9): 973-979.

[11] Sakaizawa D, Kawakami S, Nakajima M, et al. An airborne amplitude-modulated 1. 57μm differential laser absorption spectrometer: simultaneous measurement of partial column-averaged dry air mixing ratio of CO_2 and target range[J]. Atmospheric Measurement Techniques, 2013, 5(4): 387-396.

[12] 胡以华, 雷武虎, 赵楠翔, 等. 基于差分吸收的大气二氧化碳远距离激光相干探测装置: 200810195013. 3[P]. 2011-07-12.

[13] 胡以华, 石亮, 杨星, 等. 一种基于相干激光探测空中尾涡的单/多目标判定方法: 202010853554.1[P]. 2020-11-27.

[14] 胡以华, 杨星, 石亮, 等. 一种基于大气扰动相干激光探测的空中目标探测方法: 202010853553.7[P]. 2020-11-20.

[15] Dong X, Hu Y H, Zhao N X, et al. Echo characteristics of polarized heterodyne lidar in nonspherical aerosol environments[J]. Optik, 2019, 180: 302-312.

[16] Dong X, Hu Y H, Zhao N X, et al. Characteristics of heterodyne lidar echoes in different

polydisperse aerosol environments[J]. Optik, 2018, 174: 655-664.

[17] 洪光烈, 张寅超, 胡顺星. 探测低空大气 CO_2 浓度分布的近红外微脉冲激光雷达[J]. 红外与毫米波学报, 2004, 23(5): 384-388.

[18] Hu Y H, Dong X, Zhao N X, et al. System efficiency of heterodyne lidar with truncated Gaussian Schell-Model beam in turbulent atmosphere[J]. Optics Communications, 2019, 436: 82-89.

[19] Sun X, Abshire J B, Beck J D, et al. HgCdTe avalanche photodiode detectors for airborne and spaceborne lidar at infrared wavelengths[J]. Optics Express, 2017, 25(14): 16589-16602.

[20] Kou K, Li X F, Yang Y, et al. Self-mixing interferometry based on all phase FFT for high-precision displacement measurement[J]. Optik, 2015, 126(3): 356-360.

[21] Shun C M, Lau S Y. Implementation of a Doppler Light Detection and Ranging (LIDAR) system for the Hong Kong International Airport[C]// Proceedings of the 10 th AMS Conference on Avaition, Portland: Range and Aerospace Meteorology, 2002: 1-4.

[22] Thomas B, David G, Anselmo C, et al. Remote sensing of atmospheric gases with optical correlation spectroscopy and lidar: first experimental results on water vapor profile measurements[J]. Applied Physics B-Lasers and Optics, 2013, 113(2): 265-275.

[23] Hu Y H, Dong X, Zhao N X, et al. Fast retrieval of atmospheric CO_2 concentration based on a near-infrared all-fiber integrated path coherent differential absorption lidar[J]. Infrared Physics & Technology, 2018, 92: 429-435.

第3章　距离速度的啁啾调幅激光相干探测

相干体制激光测距测速是通过发射调制的激光信号，通过检测回波激光信号同发射激光信号混频后的回波信号频率或相位变化信息，再计算出相应的距离和速度值。由于相干激光探测具有转换增益高、信噪比高等特点，因此可以得到准确的频率值，进而实现高精度的测距和测速。常用的相干体制激光测距测速雷达有啁啾频率调制连续波激光雷达、伪随机码调相激光雷达以及啁啾调幅激光雷达。本章主要介绍基于啁啾调幅信号的激光相干测距测速技术，首先分析啁啾信号特性及其处理方法，研究提出平衡相干探测方法，最后构建出实验系统。

3.1　基　本　原　理

啁啾调幅激光雷达是一种新体制的连续波(CW)激光雷达系统，发射强度被啁啾信号(线性调频信号)调制的连续波激光，并把回波中的延时啁啾与发射的初始啁啾混频，得到啁啾差频信号，差频频率就反映了回波延时。啁啾调制扩展了发射信号的带宽，使用对应的脉冲压缩技术，理论上可实现与脉冲激光相当的测距能力，实现了以长时间替代高功率。

由于啁啾信号调制于激光的强度上，因此可采用直接探测或相干探测。当采用相干探测时，可提高探测灵敏度，同时还可实现测速。啁啾调幅技术与啁啾调频(啁啾频率调制连续波激光雷达)相比，具有如下优势：

(1)线性调频信号调制于激光强度上，而不是直接调制于光频上。强度调制比直接调制光波频率容易，技术难度低，易于实现，调制性能更好。

(2)调幅体制保留了连续的激光载波信号，可利用连续的激光载波直接得出目标的运动速度。使用调幅方式分离了速度与距离的测量，保证测速精度的同时基本消除了多普勒频移导致的速度与距离耦合的问题。

调幅相比调频的缺陷主要在于调幅信号中载波的能量占大多数，在调制深度为100%时，未调制的载波能量占发射能量的66.7%，有效的测距信号只占33.3%。载波未经调制，对距离测量无效。因此，调幅方式的有效探测距离受到影响。

啁啾调幅激光雷达系统主要包含连续波激光器、啁啾信号源、激光调制、收发光路、激光相干接收、射频信号处理以及信号采集分析几个主要组成部分。啁啾调幅相干激光雷达有多种系统结构，典型啁啾调幅相干激光雷达系统如图 3.1 所示。

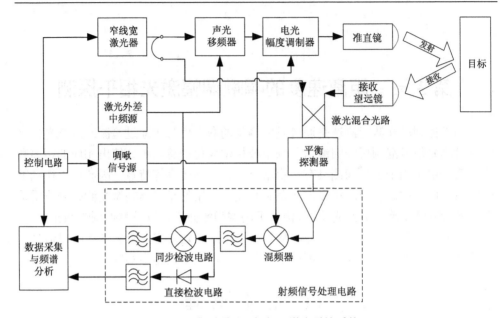

图 3.1　典型啁啾调幅相干激光雷达系统

　　使用窄线宽连续波激光器，利用光纤定向耦合器取激光器输出的少部分能量用作激光相干探测的本振光信号，其余部分经过声光移频器移频，然后使用时间长度为 T 的啁啾信号通过电光幅度调制器对激光调幅，被调制后的激光信号作为探测光束发射到目标。目标反射的激光回波信号被望远镜接收，激光回波幅度上调制的啁啾信号是一个延迟的啁啾信号，延迟时间为 τ。

3.1.1　啁啾调幅测距原理

　　啁啾调幅是利用线性调频信号（啁啾信号）去调制激光雷达发射激光信号的幅度。当接收到回波激光信号时，被幅度调制的回波啁啾信号与原始无延迟啁啾信号之间存在一个由回波延时决定的固定频差，通过检测频差，就可以得到回波延时，进而得到目标距离[1]。

　　啁啾信号的频率表达式为

$$f(t) = f_{c} \pm \frac{B}{T}t \quad \left(-\frac{T}{2} \leqslant t \leqslant \frac{T}{2} \right) \tag{3-1}$$

式中，f_c 为啁啾信号的中心频率；B 为啁啾信号的带宽；T 为啁啾信号频率变化的周期。

　　由此可得原始的啁啾信号：

$$v(t) = \cos\left[2\pi \int f(t)\mathrm{d}t \right] = \cos[f_{s}t + Bt^{2}/(2T) + \varphi] \tag{3-2}$$

经过 τ 延时后的回波啁啾信号为

$$v(t) = \cos\left[2\pi \int f(t)\mathrm{d}t \right] = \cos[f_s t + Bt^2 / (2T) + \varphi] \qquad (3\text{-}3)$$

延时的啁啾信号与原始啁啾信号混频后通过低通滤波可得到两信号的差频信号 V_x：

$$V_x = \frac{1}{2}\cos\left(\frac{2\pi B\tau t}{T} + 2\pi f_s\tau - \frac{\pi B\tau^2}{T} \right) \qquad (3\text{-}4)$$

由上式可见，差频信号 V_x 是一个余弦函数，V_x 的频率 f_x 同延迟时间 τ 成正比。差频信号 V_x 的频率为 $f_x = \tau B / T$。为了获取精确的回波延迟时间 τ，要求啁啾信号频率随时间增长的斜率 B/T 恒定。否则 f_x 就会随时间变化，不能保持恒定，无法通过 f_x 计算 τ。

啁啾调幅测距原理示意图如图 3.2 所示。

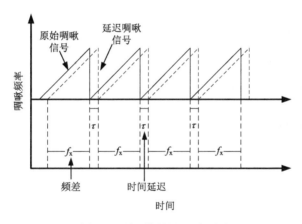

图 3.2　啁啾信号测距原理图

3.1.2　啁啾调幅测速原理

当系统接收到回波激光信号时，回波信号中引入了由目标运动所产生的多普勒频移 f_d，通过本振和回波在探测器上的混频，得到本振和回波的差频，也即多普勒频移 f_d。由下式可得目标在激光视线方向的速度 V_r：

$$V_r = \frac{\lambda f_d}{2} \qquad (3\text{-}5)$$

式中，λ 为激光的波长。

啁啾调幅利用啁啾信号去调制激光雷达发射激光的振幅，而对于调幅体制，载波的能量占很大部分，例如调制深度为 1 时，可以用来测距的已调信号只占发射信号总能量的 1/3，未调制的载波信号可用于运动目标的多普勒测速。因此，啁啾调幅激光相干探测系统还可以同时实现对目标距离和速度的测量。

3.2　啁啾信号特性及去啁啾处理

3.2.1　啁啾信号及其模糊函数

简单脉冲只有两个参数：幅度 A 与脉宽 τ，脉宽决定了距离分辨率 $c\tau/2$，要想获得高分辨率就要求窄的脉宽，但脉宽窄就会降低发射脉冲能量与多普勒测速的精度。简单脉冲带宽为脉宽的倒数 $1/\tau$，时宽带宽积约等于 1，而啁啾信号（线性调频信号）能对能量和分辨率进行解耦，带宽远大于脉宽的倒数 $1/\tau$，因而时宽带宽积远大于 1。接收时可采用匹配滤波器实现脉冲压缩进而得到窄脉冲，实现高测距分辨率并提高信噪比，或者利用拉伸处理将距离信息转化为一个单频信号的频率[2]。

根据式 (3-1)，啁啾信号的频率 $f(t)$ 可写成：

$$f(t) = f_c \pm \frac{B}{T}t = f_c \pm Kt \quad -T/2 \leqslant t \leqslant T/2 \tag{3-6}$$

式中，$K = B/T$ 为调频斜率。啁啾信号的复数表达式为

$$
\begin{aligned}
C(t) &= \mathrm{rect}\left(\frac{t}{T}\right)\exp\left\{2\pi\mathrm{j}\left[\int f(t)\mathrm{d}t\right]\right\} \\
&= \mathrm{rect}\left(\frac{t}{T}\right)\exp\left[2\pi\mathrm{j}\left(f_c t \pm \frac{Kt^2}{2}\right)\right] \quad -T/2 \leqslant t \leqslant T/2
\end{aligned}
\tag{3-7}
$$

$\mathrm{rect}\left(\dfrac{t}{T}\right)$ 为矩形窗函数，可表示为

$$\mathrm{rect}\left(\frac{t}{T}\right) = \begin{cases} 1 & |t| \leqslant T/2 \\ 0 & \text{其他} \end{cases} \tag{3-8}$$

啁啾信号频率随时间变化而线性增加或减小，频率随时间增加的为正啁啾，减小的则为负啁啾。图 3.3 为正啁啾信号示意图。

在啁啾信号时宽带宽积分别为 30、400 时，啁啾信号频谱如图 3.4 所示。由图可见，随着信号的时宽带宽积变大，信号频谱逐渐接近矩形，即信号能量均匀分布在频谱之上。

模糊函数是在研究雷达分辨率的问题中提出的一种概念，可用来衡量雷达波形距离与速度的分辨率，模糊函数定义式为

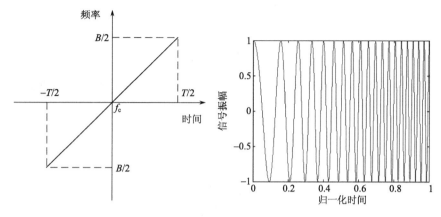

图 3.3 正啁啾信号示意图(频率随时间增加)

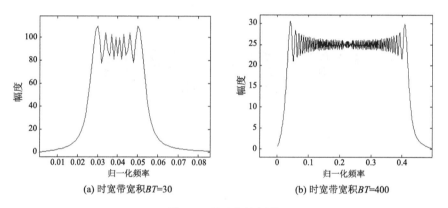

(a) 时宽带宽积$BT=30$ (b) 时宽带宽积$BT=400$

图 3.4 啁啾信号频谱

$$\chi(\tau, f_d) = \int_{-\infty}^{+\infty} a(t) a^*(t+\tau) \exp(\mathrm{j}2\pi f_d t) \mathrm{d}t \tag{3-9}$$

式中，$a(t)$ 为雷达波形信号的复数形式表示；τ 为回波延迟时间；f_d 为对于雷达波形的多普勒频移。

对中心频率为 f_c 的啁啾信号，多普勒频移 f_d 近似为

$$f_d = \frac{2v}{\lambda_c} = \frac{2vf_c}{c} \tag{3-10}$$

啁啾信号距离模糊函数为

$$\chi(\tau, 0) = \begin{cases} T \left| \dfrac{\sin[\pi B\tau(1-|\tau|/T)]}{\pi B\tau} \right| & |\tau| \leqslant T \\ 0 & \text{其他} \end{cases} \tag{3-11}$$

由上式可计算得出啁啾信号的时间瑞利分辨率近似为 $1/B$，因此对应的距离

分辨率为

$$\Delta R = \frac{c}{2B} \qquad (3\text{-}12)$$

啁啾信号的距离分辨率与啁啾带宽成反比，啁啾信号距离模糊图如图 3.5 所示。

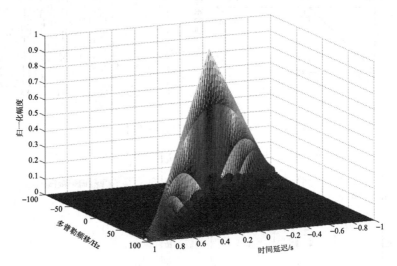

图 3.5　啁啾信号距离模糊图($T=1$，$B=100$)(见彩图)

啁啾信号速度模糊函数为

$$\chi(0, f_{\text{d}}) = \begin{cases} T\left|\dfrac{\sin(\pi f_{\text{d}} T)}{\pi f_{\text{d}} T}\right| & |\tau| \leqslant T \\ 0 & \text{其他} \end{cases} \qquad (3\text{-}13)$$

由式(3-13)可知啁啾信号速度模糊函数为标准的 sinc 函数，因此啁啾信号的多普勒频率分辨率为 $\Delta f_{\text{d}} = \dfrac{1}{T}$，对应的速度分辨率 Δv 为

$$\Delta v = \frac{\lambda_{\text{c}}}{2T} \qquad (3\text{-}14)$$

啁啾信号的速度分辨率与其时间长度成反比，啁啾信号的时间长度与带宽无关，因此可根据要求的距离与速度分辨率独立设定啁啾信号的带宽与时间长度。

3.2.2　匹配滤波脉冲压缩处理

脉冲压缩技术在发射端展宽了信号的时间,而在接收端通过压缩滤波器处理,将宽脉冲压缩为窄脉冲。作为现代雷达的关键技术,脉冲压缩有效地解决了分辨率同探测距离的矛盾,得到了广泛的应用[3]。在脉冲压缩系统中,发射波形在相

位上或频率上进行调制，使发射波形具有大的带宽，在接收时将回波信号加以压缩，则压缩后距离分辨率为

$$\Delta R = \frac{c}{2B} \tag{3-15}$$

式中，$1/B$ 为压缩后脉冲的有效时间宽度。

脉冲压缩雷达可用时间宽度为 T 的发射脉冲，来获得相当于宽度为 $1/B$ 简单脉冲的距离分辨率[4]。发射脉冲宽度 T 与压缩后脉冲有效宽度 $1/B$ 的比值称为脉冲压缩比，压缩比等于发射信号的时宽与带宽乘积 TB。当单个脉冲能量为 PT，其中 P 为平均功率，T 为脉冲宽度。如不考虑压缩的损耗，压缩后时间缩短为 $1/B$，平均功率提高为 PTB。压缩滤波器对白噪声没有压缩作用，白噪声通过后幅度不变，因此系统的信噪比提高至 TB 倍。图 3.6 为脉冲压缩示意图。

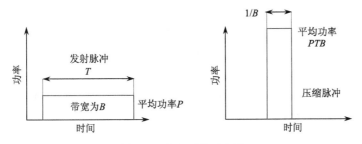

图 3.6　脉冲压缩示意图

在白噪声背景下，以滤波器输出信噪比最大为准则，最佳线性滤波器的频率特性为对应信号频谱的复共轭，这种滤波器就称为匹配滤波器。脉冲压缩滤波器就是与发射信号相对应的匹配滤波器，接收到的宽脉冲回波信号经过匹配滤波器之后变成窄脉冲信号而保持信号能量不变，从而获得较高的距离分辨率和最佳的探测信噪比。对啁啾信号，除位置偏移外，多普勒频移导致的匹配滤波器失配对脉冲压缩的其他影响很小。脉冲压缩对多普勒频移不敏感是啁啾调制相对于非线性调频与调相方式的优点之一。

3.2.3　啁啾信号频域脉冲压缩

由于啁啾信号带宽可达到数百兆甚至达到吉赫兹，受限于模数转换器（ADC）采集速度，采用数字信号处理进行脉冲压缩有一定困难。因此啁啾信号可改用拉伸处理，或叫去啁啾处理。将目标反射的延迟啁啾信号与初始发射的啁啾信号直接进行混频，通过测量混频得到的差频信号频率，得出目标的延迟。对每个目标，拉伸处理后的回波信号包含一个不同频率的啁啾差频信号，对混频后的信号进行频谱分析即可确定每个目标的距离与回波强度[5]。

在理想情况下，使用匹配滤波器，可将发射的啁啾调制长脉冲压缩为宽度为 $1/B$ 的窄脉冲，系统信噪比提高至原来的 TB 倍。而啁啾信号的拉伸处理，则将目标的距离信息转换为单频信号的频率，因此可认为拉伸处理是在频域内进行的脉冲压缩，将宽带信号压缩为单频信号，通过频谱分析带来的信噪比增益提高探测的信噪比。

假定啁啾信号带宽为 B，长度为 T，且压缩比远大于 1，可认为啁啾信号功率谱近似为矩形。设啁啾信号功率谱为 F_S，噪声功率谱为 F_N，则回波的频域信噪比为

$$\mathrm{SNR} = \frac{F_S}{F_N} = \frac{A^2 T / B}{F_N} = \frac{A^2 T}{F_N B} \tag{3-16}$$

式中，A 为回波幅度。

目标反射的延迟啁啾信号与初始啁啾信号混频后的单频信号为

$$V_x(t) = A\mathrm{rect}\left(\frac{t}{T}\right)\exp(2\pi\mathrm{j}K\tau t + \mathrm{j}\varphi) \tag{3-17}$$

噪声与初始啁啾信号混频仍为白噪声，功率谱不变。因此，混频后的信号为单频信号与白噪声的叠加，对混频结果进行离散傅里叶变换（DFT）计算时，采样时间长度为 T。则时域信噪比为

$$\mathrm{SNR} = \frac{P_S}{P_N} = \frac{A^2}{F_N B_N} \tag{3-18}$$

式中，B_N 为系统噪声带宽。

由于信号为单频信号，DFT 计算的结果只包含一个峰值，功率谱峰值表示为

$$F_S = \frac{A^2 T}{1/T} = A^2 T^2 \tag{3-19}$$

由于功率谱的其余 N–1 点为噪声功率谱 F_N，则频域信噪比为

$$\mathrm{SNR}_F = \frac{A^2 T^2}{F_N} \tag{3-20}$$

拉伸处理后的信号频域信噪比为输入啁啾信号频域信噪比的 TB 倍，拉伸处理与时域的匹配滤波脉冲压缩达到相同作用效果。对于长度为 T，带宽为 B 的脉冲，经过脉冲压缩滤波器进行时域压缩，将时间长度为 T 的脉冲压缩为时间长度为 $1/B$ 的窄脉冲；而频域脉冲压缩则是将带宽为 B 的宽带信号压缩为带宽 $1/T$ 的窄带信号。因此，两者压缩比都为 TB，对信噪比的提升是等效的。

图 3.7 为频域脉冲压缩后频谱示意图，信号 $TB=160\times10^3$，压缩前频域信噪比为 40 dB，压缩后信噪比为 92 dB，信噪比提高了 52 dB，与理论计算相符。

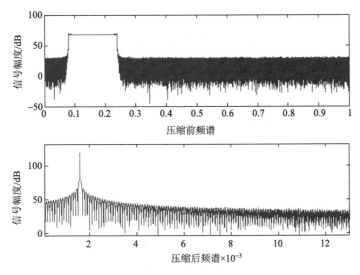

图 3.7　频域脉冲压缩处理后的频谱(T=1 ms，B=160×10^6)

3.2.4　距离与速度耦合现象

啁啾信号的模糊函数为一个类 sinc 函数，其峰值在满足以下条件时出现，即

$$f_d + K\tau = 0 \Rightarrow \tau = -\frac{f_d}{K} \tag{3-21}$$

上式表明：存在多普勒失配时，匹配滤波器输出的峰值点未出现在 $\tau = 0$ 处，而是随着多普勒频率而移动，移动位置与多普勒频移成正比。此结论对匹配滤波与拉伸处理分析同样适用。由于对目标距离的估计是基于峰值出现时间的，所以目标的多普勒频移将引起测距误差。由式(3-21)，对应的距离误差为

$$\delta R = -\frac{cf_d}{2K} = -\frac{f_c v T}{B} \tag{3-22}$$

根据上述公式，对距离与速度耦合现象直观的解释为：在一个测距的啁啾信号周期 T 内，目标发生了移动，因此距离测量产生误差。误差的大小与目标速度、啁啾信号时间长度成正比。当载波频率 f_c 远高于啁啾带宽 B 时(如线性调频连续波 LFMCW 雷达)，f_c / B 值大，会导致较大测距误差。对啁啾调幅激光测距而言，一般啁啾带宽与啁啾中心频率相当，甚至带宽大于啁啾中心频率，因而测距误差将远小于线性调频连续波(LFMCW)激光雷达。在目标速度较低时，距离速度耦合误差基本可以忽略。假定啁啾信号为 80～240 MHz，T 为 1 ms，当目标速度为 100 m/s，则测量距离误差约为 0.1 m，远小于系统的理论距离分辨率 0.94 m。

3.3　平衡相干探测

激光相干探测是激光回波信号与本振光信号在探测器上进行相干，测量两者相干所得到的中频信号，进而完成对激光回波信号探测的探测方式。相干探测通过引入本振光信号提高了探测灵敏度。

激光本振信号为

$$E_{\text{loc}} = A_{\text{loc}} \cos \omega_{\text{loc}} t \qquad (3\text{-}23)$$

激光回波信号为

$$E_{\text{in}} = A_{\text{in}} \cos(\omega_{\text{in}} t + \varphi) \qquad (3\text{-}24)$$

同时照射光电探测器时，则探测器输出电流为[6]

$$I_1 = R\{P_{\text{in}} + P_{\text{loc}} + \sqrt{P_{\text{in}} P_{\text{loc}}} \cos \gamma \cos[(\omega_{\text{in}} - \omega_{\text{loc}})t + \varphi]\} \qquad (3\text{-}25)$$

式中，R 为探测器响应率，单位为 A/W，包含了两信号的差频分量 $R\{P_{\text{in}} + P_{\text{loc}} + \sqrt{P_{\text{in}} P_{\text{loc}}} \cos \gamma \cos[(\omega_{\text{in}} - \omega_{\text{loc}})t + \varphi]\}$，$\cos \gamma$ 由光信号相干度及光束匹配程度决定[7]。

由于需要使用功率较大的本振光，因此本振信号产生的散粒噪声与相对强度噪声就成为相干探测主要的噪声源，可以采用平衡探测方式以减小这两种噪声的影响[8]。平衡探测光路如图 3.8 所示，由 50/50 的光纤耦合器与平衡探测器构成，光纤耦合器两端口分别用于回波与本振光信号的输入，两个输出量端口输出的为本振与回波信号的混合信号，50/50 耦合器两耦合臂的相对附加相移为 180°。

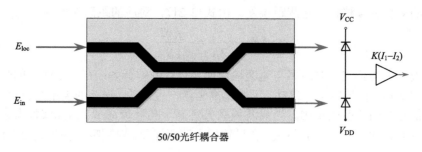

图 3.8　平衡探测的光路

假设输入本振信号与回波信号的电场分量为 E_{loc} 与 E_{in}（对应信号功率分别为 P_{in} 与 P_{loc}），则光纤耦合器两输出端口的输出信号分别为

$$E_1 = 1/\sqrt{2}(E_{in} + E_{loc})$$
$$E_2 = 1/\sqrt{2}(E_{in} - E_{loc}) \tag{3-26}$$

混合信号 E_1 与 E_2 在分别输入平衡探测器的一只 PIN 管后，由式(3-25)可得产生的电流分别为

$$I_1 = \frac{1}{2}R\{P_{in} + P_{loc} + \sqrt{P_{in}P_{loc}}\cos\gamma\cos[(\omega_{in} - \omega_{loc})t + \varphi]\} \tag{3-27}$$

$$I_2 = \frac{1}{2}R\{P_{in} + P_{loc} - \sqrt{P_{in}P_{loc}}\cos\gamma\cos[(\omega_{in} - \omega_{loc})t + \varphi]\} \tag{3-28}$$

平衡探测器输出内部两只 PIN 管的电流之差。设 K 为平衡探测器的跨阻增益，则输出电压为

$$V_{out} = KR\sqrt{P_{in}P_{loc}}\cos\gamma\cos[(\omega_{in} - \omega_{loc})t + \varphi] \tag{3-29}$$

平衡探测器消除了由高入射光信号功率引起的相对强度噪声，同时还以相同的互减方式消除伴生的直接探测信号，避免其在频域上与相干探测信号混叠。

3.4　距离速度的啁啾调幅激光相干探测实验

相干探测可以分为外差相干探测和零差相干探测两种结构，两者的区别在于本振光和信号光的频率是否相等，当本振光和信号光的频率相等时，称为零差相干探测。本节基于作者团队的相关研究，给出了啁啾调幅激光外差相干探测实验系统和啁啾调幅激光零差相干探测实验系统的系统结构，详细地分析了基于外差探测的啁啾调幅激光相干探测实验和基于零差探测的啁啾调幅激光相干探测实验结果。

3.4.1　距离的啁啾调幅激光外差相干探测实验

1. 啁啾调幅激光外差相干探测实验系统

1) 啁啾调幅激光外差相干探测实验系统方案

基于 3.1 节介绍的啁啾调幅相干激光雷达结构，使用平衡式光纤相干光路以及设计的啁啾信号源，并设计相应的射频信号处理电路，构建啁啾调幅激光外差相干探测实验系统，实验系统结构如图 3.9 所示。用光纤延迟线与光纤衰减器替代收发望远镜，模拟真实回波的延迟与衰减。增加手动偏振控制器，调整模拟回波的偏振态，进而可以调整经过偏振分束器后的回波能量。此外，还在平衡探测器输出端增加由同轴电缆构成的延迟线，用于系统精细距离分辨率的测试。

实验系统中选用 BRIMROSE 公司的声光移频器，选用的马赫-曾德尔幅度调制器（M-Z intensity modulator）为 JDSU 公司的模拟幅度调制器，使用的激光器为 NKT 公司 BASIK™ E15 单频 DFB 光纤激光器，使用保偏光纤耦合输出，激光器的主要指标如表 3.1 所示。

表 3.1　实验系统激光器性能指标

激光器型号	BASIK™ E15
输出波长/nm	1550
输出功率/mW	40
线宽/kHz	<1
相对强度噪声	<−100 @1 MHz
/(dBc/Hz)	<−140 @ 10 MHz
波长调节范围	0.6 nm

相干光路为平衡式光纤光路，只取一个偏振方向的信号进行探测。平衡探测器为 NEW FOCUS 公司的 1617 平衡探测器，3 dB 带宽为 40 kHz～800 MHz，跨阻增益为 700 V/A，共模抑制比为 25 dB，总的噪声等效功率为 1.5 μW（RMS）。

如图 3.9 所示，激光经过声光移频器（AD frequency shifter）后，一部分光直接作为相干探测的本振光，另一部分光被声光频移器频移后，进入马赫-曾德尔幅度调制器被啁啾信号调幅。被调制的光信号通过光纤延迟线与光纤衰减器作为模

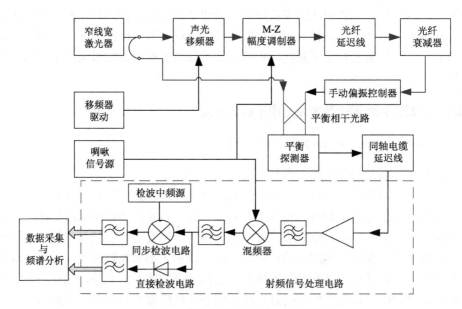

图 3.9　外差探测实验系统结构框图

拟回波信号，模拟回波信号与本振光在平衡相干光路中混合，经过平衡探测器得到相干探测的中频信号。中频信号在射频处理部分经过放大、滤波以及去啁啾、去中频后得到对应光纤延迟时间的 V_x 信号，经过数据采集送入计算机进行分析。

2) 基于 DDS 的啁啾信号合成

由于啁啾调幅测距对啁啾信号的频率随时间增加的线性度有很高的要求，因此使用 DDS 系统合成啁啾信号就成为最佳选择。啁啾信号合成电路如图 3.10 所示。

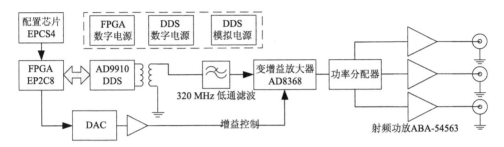

图 3.10　啁啾信号源电路结构

系统中使用的 DDS 芯片为 ADI 公司生产的 AD9910，该芯片为 1 GSPS 的 DDS 合成器。AD9910 可实现四种工作模式，包括单频模式、RAM 调制模式、数字斜率调制模式与并行数据端口调制模式。实验系统中以 AD9910 为核心，构建了啁啾调幅激光外差相干探测实验系统的啁啾信号源，啁啾源输出频率范围为 70~320 MHz，最大输出射频信号功率为 18 dBm，输出啁啾信号频谱较为平坦，功率起伏最大为 1.33 dB，射频信号输入端口半波电压 V_π 为 6 V，调幅深度为 0.76。

3) 射频信号处理电路设计

射频信号处理电路结构如图 3.11 所示。射频信号处理电路作用包括：①放大平衡探测器输出的激光外差中频信号；②将中频信号上调制的延迟啁啾与初始啁啾混频，完成啁啾信号的拉伸处理；③将拉伸处理得到的啁啾差频信号从外差中频信号上解调，经过信号调理电路后发送给信号采集电路进行采集与分析。

对前级放大电路，1617 平衡探测器内置的跨阻放大器增益较低(700 V/A)，所以前级放大电路使用两级低噪声放大器(low noise amplifier，LNA)，并配合高通滤波器与低通滤波器构成一个带通放大电路。其中使用的低噪声放大器为 Avago 公司的 ABA-52563 低噪声放大器，增益为 21.5 dB，输入输出都包含 50 Ω 阻抗匹配，噪声系数 2.75 dB(500 MHz)，使用+5 V 单电源供电。

对拉伸混频电路，将调制于激光外差中频上的延时啁啾信号与初始啁啾信号混频，完成频域脉冲压缩，并用带通滤波器滤除混频后出现的其他频率分量。电路中使用的混频器为 MINI 的 ADE-12MH，是基于二极管的平衡式无源混频器。

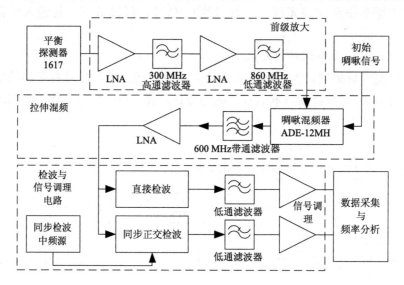

图 3.11　射频信号处理电路框图

对检波与信号调理电路，检波电路部分包含直接检波与同步正交检波两套电路，用于将啁啾差频信号从激光外差中频信号上解调出来。直接检波电路采用 LINEAR 公司的 LTC5507 射频检波器，输入射频信号范围 100 kHz～1 GHz。芯片外接的峰值保持电容大小与检波带宽相关，当保持电容为 330 pF 时，检波带宽为 800 kHz。同步检波电路使用 ADI 公司的 AD8348 集成正交检波芯片，输入射频信号频率范围为 10 MHz～1 GHz，解调信号带宽为 75 MHz。AD8348 需要 2 倍频本振，通过分频产生一对正交的本振信号分别与射频信号混频，生成 I 与 Q 两个通道的检波结果。经过直接检波就得到回波延时对应的信号 V_x，使用快速傅里叶变换（FFT）分析得出 f_x，回波延时就可由 $\tau = f_x T / B$ 得出。

2. 距离的啁啾调幅激光外差相干探测实验结果分析

利用光纤衰减器与延迟线，对实验系统进行距离分辨率以及测距精度的测试。使用的光纤延迟线长度为 1040 m，以及若干 1 m、2.2 m 与 3 m 的短光纤跳线，还使用同轴电缆延迟线对平衡探测器输出的射频电信号进行延迟，进行距离分辨率的精细测试。

1)距离分辨率分析

在一定的回波功率下，分别使用光纤延迟线与同轴电缆延迟线进行距离分辨率的测试。测试时本振功率为 1.1 mW，啁啾信号周期为 1 ms，啁啾信号源输出信号振幅为 1.65 V，幅度调制深度为 0.759。使用一段 1040 m 的单模光纤作为固定延迟，在此基础上使用短光纤跳线增加回波光信号延迟或使用电缆延迟平衡探测器输出的射频信号。使用的单模光纤折射率为 1.468，同轴电缆介电常数 ε 为 2.3，两者延迟时间分别为

$$\tau_{\text{fiber}} = 1.468 l_{\text{fiber}} / c \qquad\qquad \tau_{\text{cable}} = \sqrt{\varepsilon} l_{\text{cable}} / c \qquad (3\text{-}30)$$

式中，l_{fiber} 与 l_{cable} 为光纤与电缆的长度。

（1）直接检波距离分辨率测试。采用直接检波方式，对不同的啁啾信号带宽 B 进行测试，测试时回波功率为 1.578 nW。利用数据采集卡采集检波输出，采集时间 1 ms，采样速度 10MS/s。采集完成后进行 DFT 运算，取其中最高峰值点的频率作为啁啾差频的频率，频率分辨率为 1 kHz。使用 0～8 m 光纤跳线进行 0～39 ns 延迟的测试，使用的啁啾信号带宽为 160 MHz，测试结果如图 3.12（a）所示。由图可知，系统基本可分辨 5 ns 的延迟差别，与 1/B=6.25 ns 的理论分辨率符合。39 ns 延迟对应的频率改变估算值为 6.2 kHz，实际测量值为 6 kHz，两者相符合。

使用同轴电缆延迟线进行不同啁啾带宽下的分辨率测试，同轴电缆长度为 0～3.65 m，对应延迟为 0～18.45 ns。图 3.12（b）～（f）为啁啾带宽 240 MHz、200 MHz、160 MHz、120 MHz、80 MHz 的测试结果。

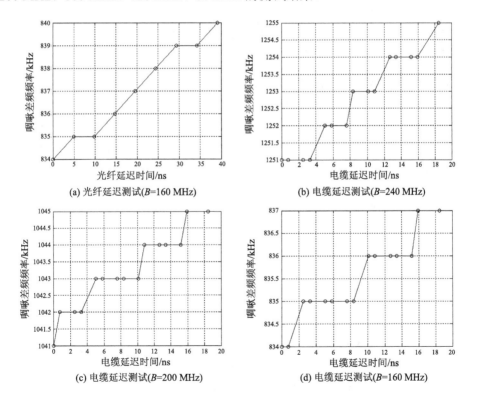

(a) 光纤延迟测试(B=160 MHz)

(b) 电缆延迟测试(B=240 MHz)

(c) 电缆延迟测试(B=200 MHz)

(d) 电缆延迟测试(B=160 MHz)

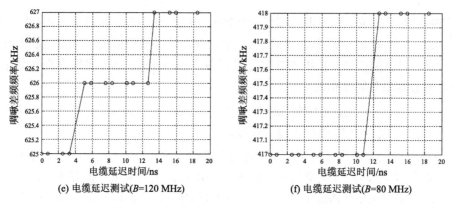

(e) 电缆延迟测试(B=120 MHz)　　(f) 电缆延迟测试(B=80 MHz)

图 3.12　不同带宽下光纤电缆延迟测试结果图

测试结果明显可见，啁啾带宽越高，时间(距离)分辨率越高。表 3.2 为测试总结，测量分辨率为每个可区分延时分段对应的延迟时间，测量值与理论值一致。

表 3.2　距离分辨率测试结果

啁啾带宽/MHz	80	120	160	200	240
理论时间分辨率/ns	12.5	8.33	6.25	5	4.17
测量时间分辨率/ns	12.64	9.35	6.82	5.06	4.30
对应距离分辨率/m	1.90	1.40	1.02	0.76	0.65

(2)同步检波距离分辨率测试。采用同步检波方式对不同的啁啾信号带宽 B 进行测试，回波功率 0.63 nW，啁啾信号带宽 160 MHz。使用同轴电缆进行延迟，啁啾差频频率估算方法如前，测试结果与直接检波方式相同。同步检波电缆延迟测试如图 3.13 所示。同步检波得出的差频频率高于直接检波结果，原因在于同步

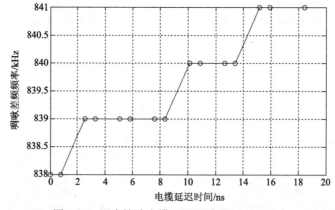

图 3.13　同步检波电缆延迟测试(B=160 MHz)

检波本振源的频率与声光移频器的移频有差别。使用频谱分析仪测量，射频处理板上的 2 倍频本振源的中心频率为 1.199992 GHz，与 1.2 GHz 偏离 8 kHz，导致同步检波结果比直接检波高 4 kHz。

2）测距精度分析

利用直接检波方式下时间分辨率测试的数据，通过计算 0～18.45 ns 延迟时测量值与真实延迟的误差估算测距精度，测量时本振为 1.1 mW，回波 1.58 nW，计算结果如表 3.3 所示。测距精度随啁啾带宽提高，将回波与本振功率各下降一半，信噪比下降 6 dB 后，测量精度值无变化。

表 3.3　直接检波测距精度测试结果

啁啾带宽/MHz	80	120	160	200	240
时间测量误差(RMS)	3.55 ns	2.37 ns	1.84 ns	1.69 ns	1.23 ns
距离测量误差(RMS)	0.53 m	0.36 m	0.28 m	0.25 m	0.18 m

对使用频谱峰值确定差频频率的方式，测量精度与频率分辨率相关。由于频率分辨率为 $1/T$，对应最小可区分延时为 $1/B$，最大会导致 $1/(2B)$ 的延时判断误差。因此，在无噪声的理想情况下，测时精度为 $1/(B\sqrt{12})$，类似于 ADC 的量化误差；在有噪声的情况下，由于实际噪声采样值的 DFT 变换依然为噪声信号，当信号与噪声频谱幅度接近时，可能会导致频谱峰值判断错误，从而产生误差。在 DFT 点数足够多，且信噪比不是很低的情况下，此误差可以忽略[9]。因此，在信噪比下降 6 dB 后，精度未出现下降，测量的精度与 $1/(B\sqrt{12})$ 基本一致。

当采用同步检波方式时，在啁啾带宽为 160 MHz 情况下延时测量的精度为 1.86 ns，与直接检波相当。

3.4.2　距离速度的啁啾调幅激光零差相干探测实验[10]

1. 距离速度的啁啾调幅激光零差相干探测实验设计

该系统具体结构框图如图 3.14 所示。激光经过幅度调制器被啁啾信号调幅后，通过分束器分为两部分，一部分直接作为相干探测的本振光，另一部分作为发射光通过望远镜打向目标靶，然后通过望远镜接收回波信号，经过光纤延迟线后使其与本振光在平衡相干光路中混合，再经过平衡探测器得到对应的电信号，再进行低通滤波、快速傅里叶变换（FFT）等频谱分析，即可得到对应光纤延迟线长度与自由空间光程距离之和的频率 f_x 和多普勒频移 f_d。与常规零差探测相比，本实验方案最主要的不同在于系统的发射光信号和本振光信号都是经过相同的啁啾信号进行调制的，由于光相干和射频解啁啾在平衡探测器中同时完成，就不再需要额外的射频信号解啁啾过程，这样也就大大简化了系统结构。

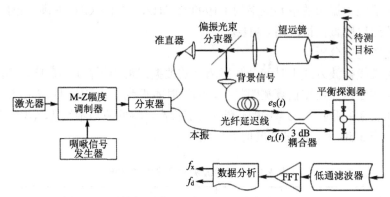

图 3.14　零差探测激光雷达测距测速实验系统结构图

系统实验中使用的啁啾信号频率是从 $80\sim280\,\text{MHz}$ 线性变化的，该啁啾信号的周期是 $200\,\mu\text{s}$。激光器的输出功率为 $40\,\text{mW}$，接收到的回波信号功率为 $60\,\text{nW}$，由于实验室光程较短，在接收回波环节增加了光纤延迟线来模拟目标靶与激光源之间的距离，为了实验数据的完整性，对目标靶设置不同的速度，并且对应不同长度的光纤延迟线做了 3 组对比实验，如表 3.4 所示。

表 3.4　目标靶速度和光纤延迟线模拟的光传播距离

	目标速度/(m/s)	延迟线大约长度/m
1	0.05	550
2	0.1	1100
3	0.2	1100

由啁啾调幅相干探测激光雷达系统原理可以知道，该频谱图共有 3 个峰值，分别为 f_d，$f_\text{x}-f_\text{d}$ 和 $f_\text{x}+f_\text{d}$，其中 $f_\text{x}=BT\tau$。实验的频谱图如图 3.15 所示，可以清楚地看到 3 个频率所对应的峰值。

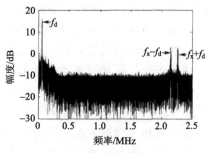

图 3.15　速度距离频谱图

2. 距离速度的啁啾调幅激光零差相干探测实验结果分析

1) 距离和速度分辨率分析

(1)距离分辨率分析。从图 3.15 的速度距离频谱图可以知道,该系统能完成对目标距离和速度的同时测量。但是由于在目标靶运动过程中,目标与激光器之间的距离一直是在变化的,无法对距离分辨率和距离误差进行定量分析,所以以下距离分辨率与误差的测试与分析均是目标靶处于静止状态下的。

距离分辨率的大小是与频谱分辨率紧密相关的,也就是说该系统的最小可分辨频率所对应的距离大小,即为该系统的距离分辨率。在以下测试过程中,由于目标靶速度为零,所以双边带频谱合为一个峰值,信噪比也相应上升约 6 dB,频谱图如 3.16 所示。

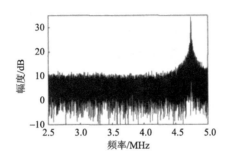

图 3.16　距离频谱图

观察信号的频谱,发现如图 3.17 所示的现象,频谱最高峰间隔 5 kHz 的频率处都出现了峰值,图中标出了最高的 3 个峰值。出现这种现象的原因在于进行 FFT 频谱分析时,为提高距离分辨率,分析了 10 ms 的信号,其中包含 50 个啁啾信号周期, 50 个周期波形基本相同,可以近似等效为 200 μs 周期的冲击函数序列与单个周期信号的卷积。10 ms 的 V_x 信号频谱就为两信号的频谱的乘积。200 μs 周期冲击函数序列的频谱为间隔 5 kHz 的冲击函数序列,两者的乘积相当于冲击函数序列对单个周期的 V_x 信号频谱的采样。因此 10 ms 信号 FFT 的结果为对 V_x 信号频谱以 5 kHz 间隔采样的结果,即图 3.17 所示的现象。

解决上述问题的方法主要有以下两种:①将采样时间设定为啁啾信号的一个周期。采用该方法就避免出现图 3.15 中多频谱峰值的现象,但是该方法是以牺牲信噪比约 8.5 dB 为代价。②改进频谱峰值的计算办法。本实验中也是采用该方法,选取频谱最高 3 个点,由这 3 个点的位置按频谱能量加权平均估计真实的频谱峰值位置。

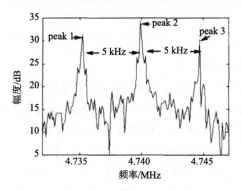

图 3.17 V_x 频谱细节

采取多次移动目标靶位置的方法来模拟该探测系统多目标距离分辨能力。具体方法步骤是：每次将目标靶移动 20 cm，采集时域波形，再将不同距离下对应的时域波形叠加，对该时域波形进行傅里叶变换，观察其频谱图，分析其距离分辨率。实验结果表明，当目标靶移动到 80 cm 时，频谱最高的 3 个峰值向右明显偏移，如图 3.18 所示。可见该雷达系统可以达到 0.8 m 的距离分辨率。

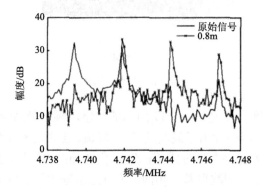

图 3.18   改进方法后距离分辨率测试

由 $\Delta R = \dfrac{c}{2B}$ 可得理论距离分辨率约为 0.75 m，实验结果与理论值基本吻合。

(2)速度分辨率分析。速度分辨率与发射激光的波长以及发射信号的周期 T 相关，其计算公式为

$$\Delta v = \frac{\lambda}{2T} \tag{3-31}$$

系统中 T 即啁啾信号的周期 200 μs，计算得到该系统的理论速度分辨率为 0.0039 m/s。实验中速度分辨率由多普勒频移 3 dB 带宽的一半计算得出。如图 3.19 所示，3 dB 频谱宽度为 14 kHz，经过计算可得速度分辨率为 0.0055 m/s，这与由

式(3-31)计算得到的理论分辨率基本相符。

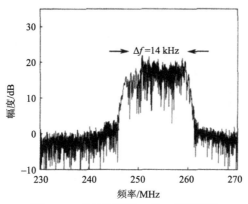

图 3.19　多普勒频移 3 dB 频谱宽度

2)距离和速度误差分析

距离误差的大小是统计上的一个标准差，在对目标测距过程中，对同一段距离测量也会有频谱略微的偏差以及读数上的偏差。因此，通过对目标靶距离测量多组数据来计算平均值，认为是真实距离，而对频谱的细小偏差以及读数上的误差计算其标准差，即为距离误差。分别将目标靶移动 80 cm 和 1.20 m 的距离，对这两段距离的频谱图分别测 8 组数据，再与基准距离的频谱图进行比对，根据频谱峰值的移动可以得到相应的距离变化量，实验中测量的距离变化量如图 3.20 所示。该雷达系统的测距精度用均方差表示为

$$\Delta_1 = \sqrt{\frac{1}{N-1}\sum_{i=1}^{N}(X_i - \overline{X_1})^2} = 1.81\,\text{cm}$$

$$\Delta_2 = \sqrt{\frac{1}{N-1}\sum_{i=1}^{N}(X_i - \overline{X_2})^2} = 2.17\,\text{cm}$$

式中，$\overline{X_1}$，$\overline{X_2}$ 为多次测量后的平均值。可见该雷达系统测距误差可以达到厘米级。

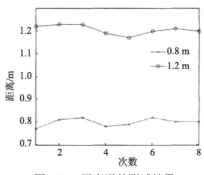

图 3.20　距离误差测试结果

为降低系统误差的影响，对不同的目标靶速度测得 8 组多普勒频移实验数据，如图 3.21 所示。速度误差的分析结果如表 3.5 所示。

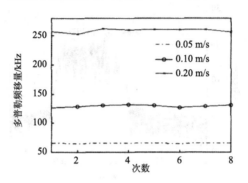

图 3.21　实测多普勒频移量结果

表 3.5　速度误差数据分析

速度 v / (m/s)	理论上多普勒频移 f_d /kHz	多普勒频移平均值 $\overline{f_d}$ /kHz	频率误差 Δf /kHz	速度误差 Δv / (m/s)	$\overline{SNR}$ /dB
0.05	63.6	65.1	1.5	0.0012	26
0.1	127.2	129.8	2.6	0.0020	25
0.2	254.5	258.6	4.1	0.0032	25

在实验中，通过对 8 组多普勒频谱 3 dB 带宽取中间值，再取平均值的方法得到速度对应的多普勒频移量。在对目标靶速度测量过程中，误差来源主要为激光器本身的线宽，以及导轨在目标运动过程中所产生的振动叠加到目标靶上的速度分量。实验系统中的激光器是窄线宽的，线宽为 1 kHz，本身就会带来 0.0008 m/s 的系统误差，在目标靶的速度变大的过程中，导轨相应的振动也会变大，因此引起的系统误差也会相应增大，由表 3.5 可知，理论误差分析与实验结果吻合。该雷达系统的测速精度可达到毫米每秒量级。

参 考 文 献

[1] 孟昭华, 洪光烈, 胡以华, 等. 啁啾调幅相干探测激光雷达关键技术研究[J]. 光学学报, 2010, 30(8): 2446-2450.

[2] 李军华. 脉冲压缩线性调频测距系统信号处理技术研究[D]. 南京: 南京理工大学, 2007.

[3] Skolnik M I. 雷达系统导论[M]. 3 版. 左群声, 等译. 北京: 电子工业出版社, 2005.

[4] Richards M A. 雷达信号处理基础[M]. 邢孟道, 王彤, 等译. 北京: 电子工业出版社, 2008.

[5] 孟昭华. 啁啾调幅相干激光雷达关键技术研究[D]. 上海: 中国科学院上海技术物理研究所, 2010.

[6] Meng Z H, Hong G L, Shu R, et al. All fiber double-balanced laser coherent detection system[C]// International Symposium on Photoelectronic Detection and Imaging 2009: Laser Sensing and Imaging, 2009.

[7] 王春晖, 王骐, 赵树民. CO_2 激光脉冲外差信号偏振匹配研究[J]. 激光与红外, 2002, 32(2): 80-82.

[8] Allen C, Cobanoglu Y, Chong S, et al. Development of a 1310-nm, coherent laser radar with RF pulse compression[C]// IEEE 2000 International Geoscience and Remote Sensing Symposium, 2000.

[9] 齐国清. FMCW 液位测量雷达系统设计及高精度测距原理研究[D]. 大连: 大连海事大学, 2001.

[10] 于啸, 洪光烈, 凌元, 等. 啁啾调幅激光雷达对距离和速度的零差探测[J]. 光学学报, 2011, 31(6): 0606002-1-0606002-7.

第4章　微多普勒效应的激光相干探测

微动指的是目标或目标的组成部分在观测系统径向上相对于目标主体平动而言的小幅运动，主要包括振动、转动、锥动等，目标微动会产生微多普勒效应。目标微动具有唯一性，使得基于微动的目标探测识别成为可能。激光探测微多普勒效应较微波探测具有更高的灵敏度和分辨率，结合精确的参数估计方法和充分的先验知识，可将目前微多普勒效应的应用领域由目标分类向精细识别拓展。本章以目标多分量微动特征的相干激光探测为研究对象，系统介绍目标回波建模、激光微多普勒信号影响因素、激光相干采集实验系统以及激光相干探测处理等。

4.1　激光探测微多普勒效应基本原理

4.1.1　多普勒与微多普勒效应

1. 多普勒效应

1842 年，澳地利的物理学家和数学家克里斯汀·多普勒首次发现光源显现的色彩会由于光源的运动发生变化的现象，即多普勒效应。1843 年，多普勒通过行进中火车汽笛的声波对多普勒效应进行了验证。实验中观测者感知的声波频率为

$$f' = \frac{c_s}{c_s \mp v_s} f = \frac{1}{1 \mp v_s/c_s} f \overset{v_s \ll c_s}{\approx} \left(1 \pm \frac{v_s}{c_s}\right) f \tag{4-1}$$

式中，f 为声波频率；c_s 为声波传输速度；$\lambda = \dfrac{c_s}{f}$ 表示声波波长；v_s 为声源相对于观测者的运动速度；"+"表示靠近；"−"表示远离。

对于雷达系统中观测到的多普勒效应，在考虑目标径向运动速度 v 远小于电磁波传播速度 c 时，其多普勒频率可以认为与经典多普勒频率相同。对单基雷达系统而言，电磁波行程是雷达到目标距离的两倍，目标运动产生的多普勒频移由两段构成：从发射机到目标产生的多普勒频移 f_{D1}，以及从目标返回到接收机过程产生的多普勒频移 f_{D2}，二者相同，总多普勒频率 f_D 为

$$f_D = f_{D1} + f_{D2} = 2(f' - f) = 2\left[\left(1 + \frac{v}{c}\right)f - f\right] = \frac{2v}{c} f \tag{4-2}$$

这里假设雷达是固定不动的，f 为雷达工作频率。可以看出，多普勒频率正比于雷达工作频率和目标相对于雷达的径向运动速度。

2. 微多普勒效应

微动也称为微运动，这里的"微动"是广义上的"微"，即是指除目标整体的运动外，目标或目标结构部件存在的任何形式的振荡运动。微动是对运动细节特征的刻画，它广泛存在于军事和自然目标中。例如：由于发动机的运转而导致的汽车表面的振动，直升机叶片的转动或固定翼飞机涡轮风扇的转动，导弹弹头的旋转、进动和章动，生命体的心跳或行走中四肢的摆动，鸟类翅膀的扑动，桥梁的振动等。

微动引起的目标散射表面和观测系统径向距离的变化会在回波信号中形成相位调制作用，产生时变的频率，反映在信号的频谱中就会出现以多普勒频率为中心的频谱展宽现象，称为微多普勒效应[1]。微多普勒效应最先发现于相干激光雷达信号[2]，微多普勒效应及其探测应用研究的核心就是从被调制的回波信号中反演出目标的微动形式和微动参数等特征，从而实现目标的分类和识别[3, 4]。

微多普勒效应是目标整体与雷达存在相对径向运动产生多普勒频移的同时，由于目标自身还存在着微运动所导致回波产生额外的调频效应，从而在多普勒中心频率周围产生边带的现象。以微振动为例，这种调制含有与雷达载波频率 f，振动频率 f_v，振动幅度 D_v，以及振动方向、入射波方向等有关的谐波频率，最大多普勒频率变化(微多普勒频率)为

$$\max\{f_D\} = \frac{2fD_v f_v}{c} \tag{4-3}$$

可以看出，微多普勒频率与振动的频率、幅度和雷达工作频率成正比。激光的高相干性使回波信号的相位探测非常敏感，目标在雷达径向距离上的振动幅度达半个工作波长时就会导致回波相位发生 2π 的变化，保证微多普勒探测的高分辨率。激光的高频特性使其在频率和幅度都很小的振动探测中也能获得较高的微多普勒频移，确保了探测的高灵敏度。微多普勒特征能帮助人们获得感兴趣目标的运动学性质。从电磁学角度看，雷达回波可看作由目标微动运动特征唯一调制的信号，所以微多普勒特征是唯一能反映目标特有微运动状态的特征参数。

4.1.2　目标振动探测回波光电流信号建模

振动是最常见也是最简单的一种微动形式，汽车发动机、飞机引擎等在工作时都会引起目标表面的振动，它是研究目标微多普勒效应的基础。研究中认为目标振动是简谐运动，即目标的运动参量是随时间以正弦或余弦的规律变化。根据散射中心理论，建立目标振动激光微多普勒效应的数学模型，其几何示意图

如图 4.1 所示。

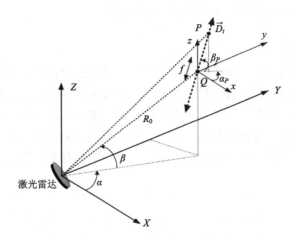

图 4.1　目标振动与激光雷达几何关系图

图 4.1 中，激光雷达位于空间固定坐标系 (X, Y, Z) 的坐标原点，P 点表示目标的一个散射中心，其以参考坐标系 (x, y, z) 的坐标原点 Q 为中心沿着 $\vec{D}_t$ 方向做简谐振动，α_P 和 β_P 分别表示 $\vec{D}_t$ 在 (x, y, z) 坐标系中的方位角和俯仰角。设 Q 点距激光雷达的初始距离为 $\left|\vec{R}_0\right| = R_0$，参考坐标系相当于将雷达坐标系平移到距雷达 R_0 的位置上。α 和 β 分别表示 Q 点相对于激光雷达的方位角和俯仰角，振动中心点 Q 在 (X, Y, Z) 坐标系中的位置可表示为[5]

$$(R_0 \cos\beta\cos\alpha, R_0 \cos\beta\sin\alpha, R_0 \sin\beta) \tag{4-4}$$

激光雷达视线（line of sight，LOS）的单位矢量 $\vec{n}$ 为

$$\vec{n} = \left[\cos\alpha\cos\beta, \sin\alpha\cos\beta, \sin\beta\right]^{\mathrm{T}} \tag{4-5}$$

设在 t 时刻散射中心 P 到中心点 Q 的距离 D_t 为 $D_v \sin(2\pi f_v t + \rho_0)$，其中 D_v 表示 P 点的最大振动幅度，f_v 表示振动频率，ρ_0 为振动初始相位，P 在参考坐标系中的瞬时坐标为

$$(D_t \cos\beta_P \cos\alpha_P, D_t \cos\beta_P \sin\alpha_P, D_t \sin\beta_P) \tag{4-6}$$

此时，激光雷达到 P 点的距离矢量可写为 $\vec{R}_t = \vec{R}_0 + \vec{D}_t$，在雷达坐标系下，$\vec{R}_t$ 的瞬时值可表示为

$$R_t = \left|\vec{R}_t\right| = [(R_0 \cos\beta\cos\alpha + D_t \cos\beta_P \cos\alpha_P)^2$$
$$+ (R_0 \cos\beta\sin\alpha + D_t \cos\beta_P \sin\alpha_P)^2 \tag{4-7}$$
$$+ (R_0 \sin\beta + D_t \sin\beta_P)^2]^{\frac{1}{2}}$$

根据公开的国内文献资料，一般目标的振动幅度量级在毫米或微米量级，$R_0 >> D_t$，式(4-7)可简化为

$$R_t = \left\{ R_0{}^2 + D_t{}^2 + 2R_0 D_t \left[\cos\beta \cos\beta_P \cos(\alpha - \alpha_P) + \sin\beta \sin\beta_P \right] \right\}^{\frac{1}{2}}$$
$$\approx R_0 + D_t \left[\cos\beta \cos\beta_P \cos(\alpha - \alpha_P) + \sin\beta \sin\beta_P \right] \tag{4-8}$$

如果简化振动中心 Q 与激光雷达的相对位置关系，设方位角 α 和振动俯仰角 β_P 为 0，则 P 点到激光雷达的瞬时距离可进一步简化为

$$R_t \approx \left(R_0{}^2 + D_t{}^2 + 2R_0 D_t \cos\beta \cos\alpha_P \right)^{1/2} = R_0 + D_t \cos\beta \cos\alpha_P \tag{4-9}$$

下面考虑目标主体与激光雷达存在相对运动的情况。设表示目标运动的矢量 $\vec{v} = (vt\cos\gamma\cos\theta, vt\cos\gamma\sin\theta, vt\sin\gamma)^{\mathrm{T}}$，其中 θ 和 γ 分别表示在雷达坐标系中目标运动的方位角和俯仰角(为表示简便起见可暂设为 0)，v 表示目标的实际运动速度。此时，P 到激光雷达的瞬时距离可改写为

$$R(t) = R_0 + vt + D_v \sin(2\pi f_v t + \rho_0)\cos\beta\cos\alpha_P \tag{4-10}$$

令 $\phi(t) = 4\pi R(t)/\lambda_c$ 表示由时变距离确定的相位函数，设激光波长为 λ_c，则望远镜接收到的回波光信号为

$$s(t) = \gamma\exp\left\{ j\left[2\pi f_c t + \phi(t) \right] \right\} + \omega(t)$$
$$= \gamma\exp\left\{ j\frac{4\pi}{\lambda_c} R_0 \right\} \exp\left\{ j\left[2\pi f_c t + \frac{4\pi}{\lambda_c} vt + B\sin(2\pi f_v t + \rho_0) \right] \right\} + \omega(t) \tag{4-11}$$

式中，γ 表示 P 点的复散射强度；$f_c = c/\lambda_c$ 为激光频率；c 为光速，$B = (4\pi/\lambda_c) D_v\cos\beta\cos\alpha_P$；$\omega(t)$ 表示信号的噪声。

回波光信号与本振光经光电探测器后输出中频光电流信号 i，根据相干激光外差探测基本原理，光电流在滤除直流项之后得到的中频交流分量可表征为

$$i(t) = A\exp\left\{ j\left[\frac{4\pi}{\lambda_c} vt + B\sin(2\pi f_v t + \rho_0) \right] \right\} + \omega(t) \tag{4-12}$$

式中，$A = \dfrac{e\eta}{h\nu}\gamma \cdot \gamma_{\mathrm{L}}$ 表示电流强度，其中 $e\eta/h\nu$ 表示光电转换效率，e 表示电子电荷，η 是光电探测器量子效率，$h\nu$ 为一个光子的能量，γ_{L} 表示本振光电场强度。

式(4-12)所得到的中频信号分量具有典型的正弦调频(sinusoidal frequency modulation, SFM)信号形式。目标微多普勒效应蕴含在电信号的调制频率之中，对式(4-12)中相位求导，得到目标振动引起的信号瞬时频移：

$$f(t) = \frac{1}{2\pi} \frac{\mathrm{d}[4\pi v t / \lambda_{\mathrm{c}} + B\sin(2\pi f_{\mathrm{v}} t + \rho_0)]}{\mathrm{d}t}$$

$$= \frac{2v}{\lambda_{\mathrm{c}}} + \frac{4\pi f_{\mathrm{v}} D_{\mathrm{v}}}{\lambda_{\mathrm{c}}} \cos\alpha_P \cos\beta \cos(2\pi f_{\mathrm{v}} t + \rho_0) \qquad (4\text{-}13)$$

$$= f_{\mathrm{D}} + f_{\mathrm{mD}}$$

式中，常数项 $2v/\lambda_{\mathrm{c}}$ 即为目标主体运动产生的多普勒频率 f_{D}，后一项为微多普勒频率项。

当散射中心点 P 的振动方位角和相对于雷达的仰角也为零时，式(4-13)可简化为

$$f(t) = \frac{2v}{\lambda_{\mathrm{c}}} + \frac{4\pi f_{\mathrm{v}} D_{\mathrm{v}}}{\lambda_{\mathrm{c}}} \cos(2\pi f_{\mathrm{v}} t + \rho_0) \qquad (4\text{-}14)$$

从式(4-14)可以看出，由散射中心理论得到的目标振动微多普勒频率服从余弦变化规律。微多普勒效应使信号频谱在多普勒频率两侧各展宽 $4\pi f_{\mathrm{v}} D_{\mathrm{v}}/\lambda_{\mathrm{c}}$，信号的调制频率等于目标的振动频率，信号调频指数由振动频率、振动幅度以及激光波长共同决定，调制初始相位等于振动初相。因此，提取微多普勒信号的瞬时频率(instantaneous frequency, IF)信息就可以对目标微动的特征参数进行估计，进而实现目标的分类、识别等。

对振动微多普勒信号的频域特性进行分析，用第一类 k 阶贝塞尔函数将式(4-12)展开，得

$$i(t) = A\sum_{k=-\infty}^{\infty} \mathrm{J}_k(B)\exp\left[\mathrm{j}(2\pi f_{\mathrm{D}} + k \cdot 2\pi f_{\mathrm{v}})t\right]$$

$$= A\{\mathrm{J}_0(B)\exp(\mathrm{j}2\pi f_{\mathrm{D}} t)$$

$$+ \mathrm{J}_1(B)\exp\left[\mathrm{j}(2\pi f_{\mathrm{D}} + 2\pi f_{\mathrm{v}})t\right] - \mathrm{J}_1(B)\exp\left[\mathrm{j}(2\pi f_{\mathrm{D}} - 2\pi f_{\mathrm{v}})t\right]$$

$$+ \mathrm{J}_2(B)\exp\left[\mathrm{j}(2\pi f_{\mathrm{D}} + 4\pi f_{\mathrm{v}})t\right] - \mathrm{J}_2(B)\exp\left[\mathrm{j}(2\pi f_{\mathrm{D}} - 4\pi f_{\mathrm{v}})t\right] \qquad (4\text{-}15)$$

$$+ \mathrm{J}_3(B)\exp\left[\mathrm{j}(2\pi f_{\mathrm{D}} + 6\pi f_{\mathrm{v}})t\right] - \mathrm{J}_3(B)\exp\left[\mathrm{j}(2\pi f_{\mathrm{D}} - 6\pi f_{\mathrm{v}})t\right]$$

$$+ \cdots\}$$

式中，$\mathrm{J}_k(B) = \dfrac{1}{2\pi}\displaystyle\int_{-\pi}^{\pi}\exp\left[\mathrm{j}(B\sin u - ku)\right]\mathrm{d}u$。

对上式进行傅里叶变换得

$$I(f) = A\sum_{k=-\infty}^{\infty} \mathrm{j}^k \delta(f - kf_{\mathrm{v}} - f_{\mathrm{D}})\exp(-\mathrm{j}k\rho_0)\mathrm{J}_k(4\pi D_{\mathrm{v}}/\lambda_{\mathrm{c}}) \qquad (4\text{-}16)$$

从式(4-16)中可以看出，激光相干探测的光电流滤除了载频项后，信号相位中只保留了目标平动和微动的调制信息，本书后续的信号处理正是基于该信号模

型展开的。同时，式中的狄拉克函数表明，振动目标微多普勒信号的频谱分布是由一系列以多普勒频率 f_D 为中心、间隔为 f_v 的谱线对所组成，这些谱线对的存在验证了微多普勒效应对信号频谱的展宽作用。

4.1.3　目标多散射点回波光电流信号建模

目标微多普勒效应研究的基本模型是以单散射点单一微动特征为基础建立，但随着研究发展，出现了多种要素组合的微多普勒效应。多要素组合微多普勒效应可概括为以下三类：①与观测系统存在径向相对运动的目标微动在回波中产生的平动-微动混合微多普勒效应；②单一目标但包含多个等效散射中心或群目标多散射点等的回波信号线性叠加而形成多分量叠合微多普勒效应；③同一散射点同时存在两种以上的微动模式所产生的复合微多普勒效应，如振动-转动微多普勒效应。本节将针对前两类较为普遍的微多普勒效应组合形式进行回波信号光电流建模。

1. 多散射点回波光电流信号建模

上节以单个散射点为例，分析了振动形式下的激光回波光电流信号模型。对激光探测而言，由于其分辨率远小于目标尺寸，目标基本看作扩展目标，因此需要利用等效散射中心理论对目标的散射回波进行分析[6]。考虑到目标的结构往往比较复杂，整体的散射会等效为多个散射中心的叠加，或者探测视场中同时存在多个目标的情况，此时回波信号是由多个散射点上微多普勒效应所产生回波信号的线性叠加形成的。以振动为例，多散射点和激光雷达的几何关系如图 4.2 所示。

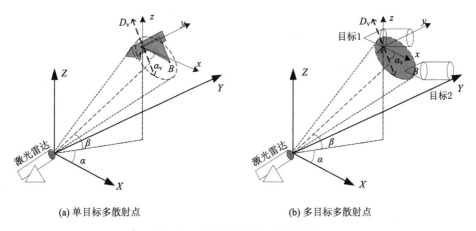

(a) 单目标多散射点　　　　　　　　　(b) 多目标多散射点

图 4.2　多散射点的微多普勒效应

图 4.2(a)表示单个目标等效为多个散射点的情况,对于刚体目标而言,不论目标做何种形式的微动都认为目标上的各个散射点具有相同的微动频率,但微动幅度和初始相位各不相同;图 4.2(b)表示视场中存在多个目标,对于不同目标,认为各目标有自己独特的微动特征,各散射点的微动参数互不相同。根据散射中心理论,各散射点独立的散射能量互不影响,所以多散射点的激光微多普勒回波模型可写为

$$s(t) = \sum_{k=1}^{K} \gamma_k \exp \left\{ j \left[2\pi f_c t + \frac{4\pi}{\lambda_c} (R_{0k} + vt) + B_k \sin(2\pi f_{vk} t + \rho_{0k}) \right] \right\} + \omega(t) \quad (4\text{-}17)$$

式中,K 表示散射点的个数,$B_k = (4\pi/\lambda_c) D_{vk} \cos\beta \cos\alpha_P$,$\gamma_k$、$R_{0k}$、$D_{vk}$、$f_{vk}$ 和 ρ_{0k} 分别表示第 k 个散射中心的散射强度、初始距离、微动幅度、微动频率和微动初始相位。对于多散射点情况,微动初相中包含散射点到激光雷达的距离信息,所以可以用来反映各散射点在目标上的分布情况。

经探测器相干外差后的中频光的电流信号为各散射点的叠加,可写为

$$i(t) = \sum_{k=1}^{K} A_k \exp \left\{ j \left[\frac{4\pi}{\lambda_c} vt + B_k \sin(2\pi f_{vk} t + \rho_{0k}) \right] \right\} + \omega(t) \quad (4\text{-}18)$$

此时,多散射点回波信号的瞬时频率为

$$f(t) = \frac{2v}{\lambda_c} + \sum_{k=1}^{K} B_k f_{vk} \cos(2\pi f_{vk} t + \rho_{0k}) \quad (4\text{-}19)$$

2. 目标的多分量微多普勒信号

研究中认为各散射点具有相同的运动速度,则信号的微多普勒频率表现为多条以多普勒频率为中心的余弦曲线的叠加,各散射点的微多普勒频率曲线也就不可避免地在时频域中相互交叠。对于单散射点而言,信号的瞬时频率对应于微多普勒频率曲线;对于多散射点,直接求叠合信号的瞬时频率得到的其实是该瞬时时刻所有频率分量的均值,并没有实际的物理意义。所以研究叠合信号微多普勒效应时首先应准确分离各散射点对应的瞬时频率,或者根据各散射点的特征提出能独立估计各点微动参数的方法。

时频分布能描述信号在时频联合域的能量密度或功率谱的分布情况,它将传统的在一维时域或频域上对信号的分析转换到二维的时-频面上,能够反映任意时刻信号包含的频率成分,且适合处理非平稳信号。所以可以从时频分布的角度来分析信号分量的个数。

单分量信号的时频分布中只有一条脊线,即为信号的瞬时频率轨迹[7],如图4.3 所示。

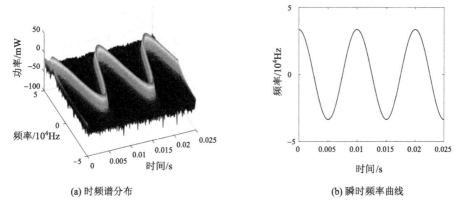

(a) 时频谱分布　　　　　　　　　　　(b) 瞬时频率曲线

图 4.3　单分量信号时频图

图 4.3 是对一个振动频率为 100 Hz，振动幅度 40 μm，初相为 0 rad 的仿真微多普勒信号进行时频分析后得到的时频图，采用的时频分析方法为短时傅里叶变换 (short time Fourier transform, STFT)。图 4.3(a) 中只有一条呈余弦形式的时频脊线，对应于单散射中心的微多普勒频率曲线，通过它可求出目标的微动参数。图 4.3(b) 给出信号的瞬时频率轨迹，与图 4.3(a) 中的微多普勒频率曲线一致。

当信号的时频分布中存在多条呈余弦(或正弦)变化的时频脊线时，将信号定义为多分量微多普勒信号，其时频图如图 4.4 所示。

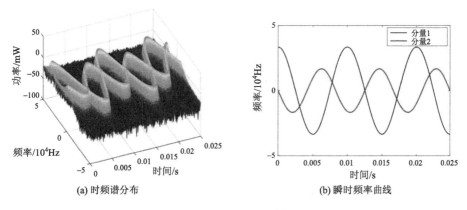

(a) 时频谱分布　　　　　　　　　　　(b) 瞬时频率曲线

图 4.4　多分量信号时频图

图中以两分量为例，计算多分量信号的时频分布。从图 4.4(a) 中，明显可看出时频分布图中有两条余弦变化的脊线，分别对应于两个散射中心的微多普勒频率曲线。显然，上一小节中介绍的多散射点微多普勒信号就属于多分量叠合的情况。在多分量叠合情况下，可将微动频率相同的情况视为同频多分量信号叠合，微动频率不同的情况视为异频多分量信号叠合。图 4.4(b) 为各分量的瞬时频率轨迹，从图中可以看到信号中各分量的微多普勒频率曲线在时频域相互交叉，将这种现象统一称为时频域交叠，这使得单分量信号的处理方法并不适用于多分量信号，增加微动特征提取和参数估计的难度。此外，激光探测中常常采用单通道接收的结构，回波便成了时频域交叠的单通道多分量(time-frequency overlapped SCMC, TFO-SCMC)信号，更加大微动参数分离估计的难度。目前对于这类信号尚未有很好的处理方法，本书后续部分将介绍对这类信号的时频特征提取方法和微动参数估计方法。

4.1.4　激光微多普勒信号特性影响因素分析

1. 信号特性与目标运动参数影响关系

1) 目标主体平动参数

一般来说，目标的微动频率都较大，足以使目标主体的平动相对于微动而言是一个慢变量。在估计目标微动参数所需的短短几个微动周期时间长度内，方位角和俯仰角变化所引起的微多普勒频率值变化虽然可以忽略，但目标加速或变加速等平动所导致的微多普勒频率中心的偏移却不能忽视。

对于加速运动，常采用多项式相位信号(polynomial phase signal，PPS)进行模拟。其单独存在时的回波基带信号为

$$s(t) = \exp\left[j\frac{4\pi}{\lambda} \sum_{k=0}^{M} a_k t^k \right], \quad k = 0,1,\cdots,M \tag{4-20}$$

式中，a_k 表示第 k 阶加速度。

所以包含平动的微多普勒回波信号变为 PPS 和 SFM 信号的混合，回波信号 $s(t)$ 可表示为

$$
\begin{aligned}
s(t) &= \gamma \exp\left\{ j\left[\frac{4\pi}{\lambda} \sum_{k=0}^{M} a_k t^k + \frac{4\pi D_v \sin(2\pi f_v t + \rho_0)}{\lambda} + \theta_0 \right] \right\} + w(t) \\
&= \gamma \exp\left\{ j[\theta_0 + 2\pi f_D t + 2\pi f_{mD} t] \right\} + w(t) \\
&= \gamma e^{j\theta_0} e^{j\phi_{PPS}} e^{j\phi_{PPS}} + w(t)
\end{aligned}
\tag{4-21}
$$

式中，$w(t)$ 表示噪声。

对混合信号进行仿真，通过信号的时频分布观察平动与瞬时频率的关系。应当注意，这里所说的"混合"是指信号相位层面的混合，最后形成复合相位信号，而前文中提到的多分量信号的混合指的是多个分量时域信号的线性叠加。为方便表述，下文中统一将运动目标微多普勒效应产生的相位复合信号称为"平动-微动混合信号"；将多散射点形成的多分量线性叠加混合信号称为"多分量信号"。

　　设目标微动形式为振动，微动频率为 200 Hz，激光波长为 1.55 μm。对于 200 Hz 的微动频率，只需几十毫秒长的信号就能求出微动参数，在这段时间内，用匀加速运动的模型足以满足对平动的模拟。令加速度分别为 3 m/s^2 和 6 m/s^2，则得到信号的时频分布和频谱展宽如图 4.5 和图 4.6 所示。

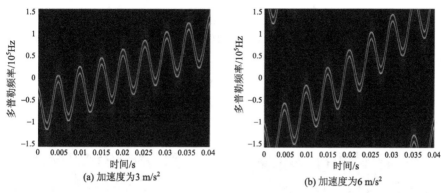

图 4.5　平动和微动混合的时频分布

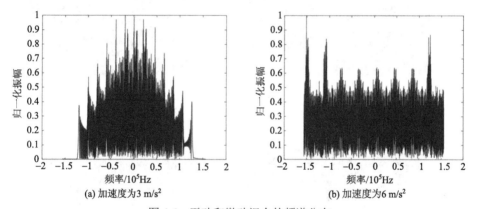

图 4.6　平动和微动混合的频谱分布

　　从图 4.5 可以看出，平动引起瞬时频率曲线 (IF) 的倾斜，破坏了微多普勒特征的周期性。平动将微多普勒频谱中心从零频搬移到 $2v/\lambda$，并在每个周期内将频谱展宽约 $2aT/\lambda$，当平动速度和加速度较大时还会导致频谱发生混叠，如图 4.5(b) 所示。频谱的展宽对满足奈奎斯特定律的采样频率以及探测器带宽都提出更高的要求，对于同样时长的信号，需要处理的数据点数会极大地增加，导致运算量剧增。所以要准确快速地提取目标的微多普勒特征，首先要对目标平动进行精确补偿，分离出目标平动和微动。

　　2) 目标微动参数

　　通过将高精度的测量方法应用于目标微多普勒效应探测中，可以在微动参数估计前对目标运动特征进行补偿，此时回波信号就只包含单纯的微多普勒频率项，其核心就是一个三参数的正弦调频信号：

$$i(t) \propto \exp\left\{ j\left[\frac{4\pi}{\lambda_c} D_v \sin(2\pi f_v t + \rho_0) \right] \right\} + \omega(t) \tag{4-22}$$

可直接用这一模型来分析目标的不同微动参数与回波瞬时频率特性关系。首先设定目标微动参数为 $D_v = 20\ \mu\text{m}$、$f_v = 100\ \text{Hz}$、$\rho_0 = 0\ \text{rad}$，然后分别改变三个参数的值观测微多普勒频率的变化。

图 4.7 是利用平滑伪维格纳-威利(SPWVD)方法所得到的信号时频分布图，图中余弦变化的瞬时频率曲线就是微多普勒频率曲线。仿真过程中采用的激光波长为 1.55 μm，信噪比为 40 dB。

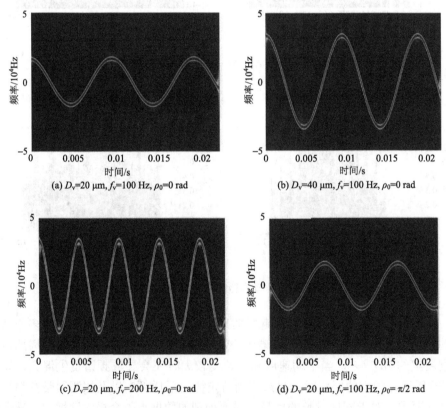

图 4.7　不同微动参数的时频分布对比

对比图 4.7(a)和(b)发现，在微动幅度加倍、其他参数不变情况下，微多普勒频率曲线的幅值加倍，二者成正相关；对比图 4.7(a)和(c)发现，当微动频率加倍时，微多普勒频率曲线的频率和幅值都会加倍；对比图 4.7(a)和(d)发现，微动相位的改变仅影响微多普勒频率的初始相位。从图 4.7 的对比结果中可以得出，目标不同的微动参数会得到不同的微多普勒频率曲线，这使得基于微多普勒效应的目标分类识别成为可能。从信号中提取的瞬时频率曲线越准确，参数估计精度越高，越有利于精细地分析、识别目标。

2. 信号特性与激光雷达参数的关系

1) 雷达波长对信号特性的影响

根据式(4-22)，雷达信号的波长与测得的微多普勒频率值成反比，波长越短，回波中的微多普勒效应也就越明显，这也解释了为何微多普勒效应最早是用激光雷达探测发现的。大部分由发动机振动产生的微多普勒效应，其振幅往往非常微弱，典型目标的振动参数范围如表 4.1 和表 4.2 所示。

表 4.1　典型航空发动机参数

类型	性质	发动机型号	转子最大转速/(r/min)	振动频率/Hz	振动幅度/μm
飞机	F15	F100-PW-200 涡扇	10 400	173	3～5
	F22	F119-PW-100 涡扇	12 000	200	
	苏 27	AL-31F 涡喷	13 500	220	
	歼 20	WS-10 涡喷	16 200	270	
导弹	美 Williams	WR247 涡喷	61 260	1020	1～3
	法 microturbo	TRI603 涡喷	29 500	491	
	美 Williams	F107WR100 涡扇	64 000	1060	
	捷克 PBS	TJ100 涡喷	61 000	1016	

表 4.2　典型坦克和汽车发动机参数

类型	性质	发动机型号	转速/(r/min)	缸数	振动频率/Hz	振动幅度/μm
坦克	美国 M60 系列	AVDS-1790	2400	12	240	2～4
	日本 10 式	V8	2150	8	143	
	中国 99A	150HB	2200	12	220	
	法国勒克莱尔	SCAM V8X-1500	2500	8	167	
	德国 TM301	MB833 Ea500	2400	6	120	
汽车	—	—	2000～4000	4～6	—	1～3

从表 4.1 和表 4.2 中可以看出目标振动幅度都在微米量级。假设某个目标振动幅度为 3 μm，振动频率为 300 Hz，分别用波长为 1.55 μm 的激光雷达和波长 3 cm(X 波段)的微波雷达对其进行探测，则得到的经时频分析处理后的微多普勒频率如图 4.8 所示。

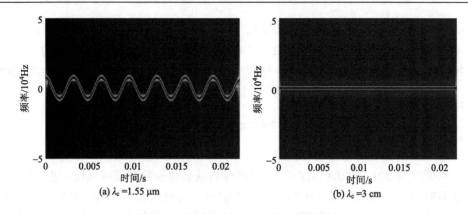

图4.8　不同探测波长下的微多普勒频率

从图 4.8 中可以看出，对振幅微弱的振动，利用激光探测可以发现明显的微多普勒效应，但微波雷达回波信号中并没有明显地体现出任何频率调制现象，这说明利用激光探测微多普勒效应的灵敏度更高，有利于微动特征的提取和参数估计，其在微弱微动探测中有着不可替代的地位。但是应当注意，当目标微动参数较大时，如转动(旋转半径在米量级)，激光波长短的特点会使微多普勒频率过高，这将对采样率提出极高的要求，导致数据处理的工作量增加，若采样率达不到，极易出现微多普勒模糊现象。

2)采样率对信号特性的影响

微多普勒效应会使回波信号频谱展宽，考虑目标平动已补偿，由微动确定的信号带宽为 B_{mD} ，为避免出现频谱混叠，采样率则需要满足奈奎斯特采样定律，即 $f_{\mathrm{s}} \geqslant 2B_{\mathrm{mD}}$ 。

现假设目标微动参数为 $D_{\mathrm{v}}=40\,\mu\mathrm{m}$ 、 $f_{\mathrm{v}}=100\,\mathrm{Hz}$ ，初始相位为 $0\,\mathrm{rad}$ ，用波长为 $1.55\,\mu\mathrm{m}$ 激光进行探测，此时对应的 $B_{\mathrm{mD}}=\dfrac{8\pi f_{\mathrm{v}} D_{\mathrm{v}}}{\lambda_{\mathrm{c}}}=64.86\,\mathrm{kHz}$ 。不同采样率下的 SPWV 分布见图4.9。

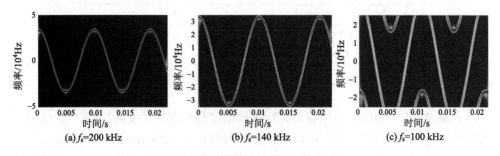

图4.9　不同采样率下的微多普勒频率

从图 4.9 中可以看出，当采样率低于两倍微多普勒带宽时，频谱发生折叠，出现微多普勒频率模糊现象，无法准确提取目标微动参数。另一方面，观测图 4.9(a)～图 4.9(c) 中瞬时频率曲线能量聚集性的变化趋势可以发现，在对信号进行时频分析时，f_s 越高则时频分布的频率向分辨率越高。上述发现有利于更精确地估计目标的微动参数。

但是采样率越高，同时意味着同样时长的信号需要处理的数据量就越大，将会增加信号处理的负担，降低探测的实时性。所以实际应用中，要选取适当的采样率，兼顾频率分辨率的精度和数据处理的速度。采样率高也是激光微多普勒探测区别于与微波探测的一个主要特点，因而微波信号处理中不需考虑信号长度的一些方法就不再适用于激光探测微多普勒。

3) 相位噪声对信号特性的影响

微多普勒效应本质属于相位调制，任何对回波相位的影响理论上都会干扰微多普勒特征参数的准确提取。激光源的相位噪声和传输路径的湍流会对激光回波的相位或频率产生影响，因而也会影响到微多普勒特征参数。

设回波信号中总的相位噪声为 $\varphi(t)$，此时平动补偿后的微多普勒信号表示为

$$s(t) = \gamma \exp\left\{ j\left[2\pi f_c t + \frac{4\pi D_v}{\lambda_c} \sin(2\pi f_v t + \rho_0) + \varphi(t) \right] \right\} + \omega(t) \quad (4\text{-}23)$$

由上式可知，相位噪声导致的频率起伏为 $\Delta f(t) = \dfrac{\mathrm{d}\varphi(t)}{2\pi \mathrm{d}t}$。

目前光纤激光器线宽大都在 1 kHz，针对偏离载频 1 kHz 时不同相位噪声大小的情况进行仿真，仿真信号的信噪比为 10 dB，时频分布结果如图 4.10 所示。

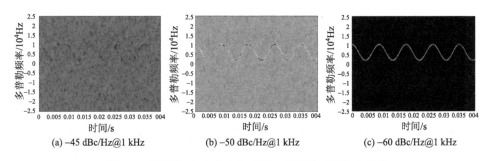

(a) -45 dBc/Hz@1 kHz　　(b) -50 dBc/Hz@1 kHz　　(c) -60 dBc/Hz@1 kHz

图 4.10　不同相位噪声大小时回波信号的时频分布结果

从图 4.10 中可以看出，相位噪声对回波特性的影响反映在整个时频平面上。在偏离中心频率 1 kHz 时，相位噪声越大则回波信号时频分布结果越差，当相位噪声大于-45 dBc/Hz 时，已经难以从时频分布图中提取回波中的微多普勒特征。根据图 4.10(b)、图 4.10(c) 可以看出，相位噪声小于-50 dBc/Hz 时，微多普勒特

征可以不受影响地提取。

4.2　激光相干探测目标微多普勒采集实验系统

实际目标往往具有复杂的结构，根据电磁散射理论，回波信号可等效为一系列的点散射信号的线性叠加，这时多目标或具有多个等效散射点的单目标的回波在经过光电探测器后就会形成单通道多分量（single-channel multi-component，SCMC）信号，而且每个分量都对应着多个未知参数，此时对信号特征的提取、分离和估计就变成欠定问题，信号分析变得十分困难。此外，多分量微动信号的各个信号分量在时、频域相互交叠，传统的时域、频域滤波都无法有效进行分离，这进一步增加信号的处理难度。本章所研究的就是这种时频域交叠的单通道多分量（time-frequency overlapped SCMC, TFO-SCMC）激光多普勒信号。

为给本章后续部分所介绍的针对单通道多分量激光多普勒信号分析而提出的基于时频分析的微动特征快速提取和基于信号模型的微动参数估计方法提供实验室验证所需的模拟信号，构建了一套相干激光探测目标微多普勒信号采集实验系统，实验系统结构如图 4.11 所示。利用实验系统采集实验数据，验证微多普勒信号表征的准确性和合理性，进而验证特征提取方法和参数估计算法的有效性。

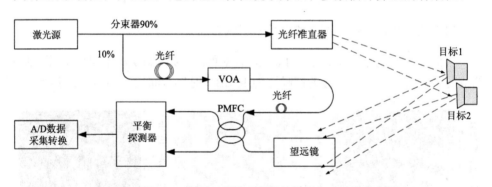

图 4.11　激光相干探测目标微多普勒信号采集实验系统框图

将连续波激光器输出的激光通过保偏光纤分束器分为 90%和 10%两路，其中光强为 90%的一路作为信号光，经过口径为 20 mm 的光纤准直器照射到目标上；10%的一路则经过可调衰减器，作为本振光，通过调节本振光功率可以达到最佳的相干探测效果。信号接收采用大口径透射式望远镜，将接收回波光和本振光通过 2×2 保偏光纤耦合器后再输入到平衡探测器中。输出的中频电信号由 A/D 采集卡采集，送至计算机中专用处理软件进行数据处理。

图 4.12　实验系统实物图（见彩图）

实验系统实物图如图 4.12 所示，系统采用全光纤相干探测结构，固定在 CSZ-1 型光学精密平台。其主要器件有：德国 NTK 公司生产 Koheras ADJUSTIK 15E 激光器，波长为 1550 nm，处于大气窗口且光纤传输损耗小，对人眼相对安全。输出功率 40～200 mW 可调，线宽小于 0.1 kHz。平衡探测器为 New Focus 公司的 Model 1817 型，探测波长范围 900～1700 nm，3 dB 带宽 80 MHz,转换增益 $4×10^4$ V/W，电流要求小于 200 mA，探测器损伤阈值为 5 mW，材料为 InGaAs。采集卡为西安春秋视讯公司生产的 12 bit、10～500 MHz 采样率可调的 A/D 采集卡，能够满足微多普勒效应相干激光探测实验中对数据的采样率要求。接收望远镜为中国科学院长春光学精密机械与物理研究所设计加工的 80 mm 孔径透射式望远镜。实验中采用振膜扬声器和电驱动音叉来模拟真实振动目标，振幅在微米量级，振动频率可调，可满足对表 4.1 和表 4.2 中给出的真实雷达目标微动参数的模拟。

4.3　基于时频分析的目标微动特征提取

信号瞬时频率变化规律中蕴含着目标微动的形式和参数等特征，时频分析方法可将信号中所有分量的瞬时频率以二维或者三维的形式直观地呈现在时频分布图上。当各目标的微动特征之间存在明显的差异时，可以直接通过观测时频分布实现对目标的分类或初步识别。因此，时频分析直观、可视化的微动特征表现形式，为理解和研究微多普勒效应提供了有力的支撑。

4.3.1　目标微多普勒信号的时频分析方法

时频分析一般包括线性和非线性(双线性)两类，时频分析的结果是表示信号频率随时间变化函数，可明确看到频率的调制情况[8]。常用的线性时频分析有短时傅里叶变换(short time Fourier transformation, STFT)、小波变换、Gabor 展开等；典型的非线性时频分析有维格纳-威利分布(WVD)和 Cohen 类。为解决 WVD 中的交叉项干扰问题，又提出了许多改进型的双线性时频分布，包括伪维格纳-威利分布(pseudo Wigner-Ville distribution, PWVD)、平滑维格纳-威利分布(smooth Wigner-Ville distribution, SWVD)、平滑伪维格纳-威利分布(smooth pseudo Wigner-Ville distribution, SPWVD)、重排平滑伪维格纳-威利分布(rearrangement smooth pseudo Wigner-Ville distribution, RSPWVD)等。

下面将利用短时傅里叶变换 STFT、维格纳-威利分布 WVD 以及平滑伪维格纳-威利分布 SPWVD 等三种时频分析方法，对仿真的激光微多普勒信号中进行时频分析，比较上述三种时频分析方法在激光微多普勒信号分析中的应用特点。

设微多普勒信号为两分量叠加的振动微多普勒信号，分量 1 的微动参数分别为 $f_{v1} = 100\,\text{Hz}$、$D_{v1} = 20\,\mu\text{m}$、$\rho_{01} = 0\,\text{rad}$；分量 2 的微动参数分别为 $f_{v2} = 120\,\text{Hz}$、$D_{v2} = 10\,\mu\text{m}$、$\rho_{02} = 0\,\text{rad}$。两分量信号幅度和平动参数均相同，初始速度为 0，加速度 $a = 5\,\text{m/s}^2$，激光雷达波长为 1.55 μm，采样率为 140 kHz，信噪比为 20 dB。

1. 短时傅里叶变换

短时傅里叶变换(STFT)是最先应用于信号时频分析的一种方法，它属于线性变换，满足线性叠加的原理，故不存在交叉项的干扰。这里交叉项是指信号自项瞬时频率支撑区之外的其他信号成分，包括自交叉项和互交叉项。

对信号进行STFT时，首先需要设定一个时间窗函数 $g(t)$，然后用 $g(t)$ 与信号 $s(t)$ 做卷积，得到 $g(t) * s(t)$，再对其进行傅里叶变换，在时域上连续地移动时间窗函数 $g(t)$，如此即可得到信号频谱随时间的变化情况。对信号进行 STFT 的数学表示为

$$\text{STFT}_s(t, f) = \int_{-\infty}^{\infty} \left[s(u) g^*(u - t) \right] e^{-j2\pi f u} \, du \tag{4-24}$$

式中，*表示复共轭，当窗函数的宽度为无限长时 $g(t) = 1$，STFT 退化为传统的傅里叶变换；当 $g(t) = \delta(t)$ 时，STFT 结果仍是信号 $s(t)$。

由于激光波长较短，在回波中会产生较大的微多普勒频移，需要较高的采样率才能避免时频分布中出现频率混叠。即使处理信号的时间长度较短，数据中也含有数千甚至上万个点，直接进行时频分析的计算量将非常大。所以对信号进行分段处理，每段信号分别进行时频分析，再进行组合。对于总长度为 N 的数据，

若将其分为 d 段，则计算复杂度可由原来的 $O(N^2)$ 降低为 $O(N^2/d)$，效率提高到 d 倍。窗函数选择常用的汉宁窗，利用 STFT 对前述的仿真激光微多普勒信号进行时频分析，多分量信号的 STFT 分布如图 4.13 所示。

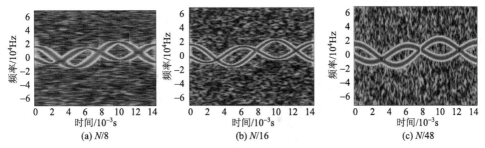

图 4.13　不同窗长下仿真信号的 STFT 分布（见彩图）

时频分布中红色的时频曲线为信号自项，体现信号各分量的瞬时频率规律，其中包含了目标微动对信号的调制特征。在目标平动的影响下，瞬时频率曲线表现为倾斜的正弦曲线形式，斜率等于目标运动的加速度，正弦曲线的频率为目标微动的频率，正弦曲线的幅度由目标微动的幅度和频率共同决定，正弦曲线的初相为微动初始相位。

从图 4.13 中可以看出，STFT 不受交叉项的影响，当窗长为数据总长度的 1/16 时，STFT 的时频聚集性最好；窗长太长（$N/8$）或太短（$N/48$）时，STFT 的聚集性都会变差。

2. 维格纳-威利分布（WVD）

维格纳-威利分布（WVD）是一种最基础、最常用的二次型时频分析方法，WVD 的本质是对信号 $s(t)$ 的时域自相关函数进行傅里叶变换。其数学表达式为

$$W_s(t,f) = \int_{-\infty}^{\infty} s\left(t+\frac{\tau}{2}\right) s^*\left(t-\frac{\tau}{2}\right) e^{-j2\pi f\tau} d\tau$$
$$= \int_{-\infty}^{\infty} R_z(t,\tau) e^{-j2\pi f\tau} d\tau \qquad (4\text{-}25)$$
$$= F\left[R_z(t,\tau)\right]$$

式中，$F[\cdot]$ 表示傅里叶变换；$R_z(t,\tau)$ 表示信号 $s(t)$ 的瞬时自相关函数。

从式（4-25）可以看出，WVD 的二次型变换就体现在信号的自相关上。由于不再满足线性叠加性，信号的 WVD 会存在交叉项，特别是对于多分量信号而言，还会存在 $K(K-1)/2$ 个互交叉项（K 表示分量个数）[9]。交叉项的存在会模糊信号

的时频特征，干扰微动特征的提取和分析。不过 WVD 在计算过程避免了窗函数的影响，时间带宽积达到不确定原理的下限，已有理论分析表明 WVD 具有最高的时频分辨率，不存在任何一种直接的时频分布在不含交叉项的情况下具有高于 WVD 的时频分辨率。

利用 WVD 对前述的仿真激光微多普勒信号进行时频分析，得到仿真信号的 WVD 如图 4.14 所示。

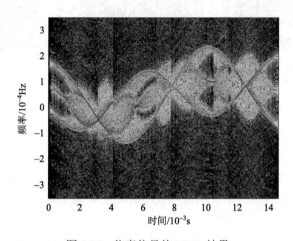

图 4.14　仿真信号的 WVD 结果

从 WVD 结果可以看出，信号自项的时频聚集性非常高，但多分量的 WVD 存在严重的自交叉项和互交叉项的干扰。在二维时频分布图中，用颜色的亮暗反映各时频点处能量的高低，可见，图中交叉项的能量峰值与自项的接近，个别位置甚至高于自项的，这会导致目标时频特征的提取和分析出现偏差。

3. 平滑伪维格纳-威利分布 (SPWVD)

SPWVD 是在 WVD 中加入核函数 $\phi(\tau,v)=g(\mu)h(\tau)$ 后得到的，数学表达式为

$$\begin{aligned} \mathrm{SPWVD}_s(t,f) &= \int_{-\infty}^{\infty}\int_{-\infty}^{\infty} g(u)h(\tau)s\left(t-u+\frac{\tau}{2}\right)s^*\left(t-u-\frac{\tau}{2}\right)\mathrm{e}^{-\mathrm{j}2\pi f\tau}\,\mathrm{d}\tau\mathrm{d}u \\ &= \int_{-\infty}^{\infty} g(u)\mathrm{PWVD}_s(t,f)\,\mathrm{d}u \\ &= W_s(t,f)\overset{t\,f}{**}G(t,f) \end{aligned} \tag{4-26}$$

式中，$g(u)$、$h(\tau)$ 都是实的偶窗函数，且有 $g(0)=h(0)=1$；PWVD 表示伪维格纳-威利分布；$\overset{t\,f}{**}$ 表示对时间和频率域的二维卷积。SPWVD 既可看作对 PWVD

的频域滤波，也可看作对 WVD 的时频域平滑[10]。

根据式(4-26)，可将 SPWVD 看作对 WVD 的时频域平滑。利用 SPWVD 对前述的仿真激光微多普勒信号进行时频分析，仿真信号的 SPWVD 结果如图 4.15 所示。

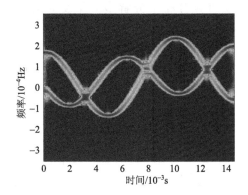

图 4.15　仿真信号的 SPWVD 结果

时频分析过程中，采用的时、频域平滑窗的长度分别随机选为数据总长度的 1/30 和 1/16。通过设计合适的核函数形式和长度，SPWVD 可以在抑制多分量时频分布交叉项影响的同时，保持较高的时频分辨率，而且降低了噪声的影响，这极大地提高了信号各分量的可分辨能力，有利于准确提取和分析信号时频特征。

为能准确提取目标的微多普勒特征，尽可能地减少处理算法对回波特性分析的影响，并考虑到时频分析过程的实时性，本节采用 SPWVD 对回波信号进行时频分析处理，然后再对时频分析结果进行多分量信号时频特征分离和微动特征提取。

4.3.2　基于曲线跟踪的多分量信号时频特征分解

首先，进行基于形态学的时频分布降噪处理，最大限度地降低时频图噪声干扰；然后，基于曲线跟踪方法，从时频分布中提取相互交叉的多个分量时频特征[10]。本书采用的曲线跟踪方法以 Viterbi(维特比)算法为基础进行改进，实现多分量微动信号时频特征的分解。

Viterbi 算法的本质是从模型所有存在的路径中找到代价函数最小的路径，只要根据信号瞬时频率曲线的特点设计出合理的代价函数，就可利用 Viterbi 算法实现对交叠多分量信号时频特征的依次提取。目前基于时频分布的特征提取方法中都可找到 Viterbi 算法的影子[11]，Viterbi 算法的思想为提取时频分布中交叠的多分量时频曲线奠定了基础，但其存在计算量大的问题。

曲线跟踪法与 Viterbi 算法最大的区别在于实时确定每个时刻的瞬时频率点，而不是把所有的路径完整地列出后再计算路径整体的代价函数。用于曲线跟踪的时频分布也不再是原始的时频分布，而是给出的经过二值化窗函数降噪后的时频图，计算代价函数只对时频图中的非零点进行处理，极大地降低了算法的计算量。

综合几种典型的从时频分布中分解多分量交叠时频特征的算法：Viterbi 法[12]、改进自适应 Viterbi[13]、滑动窗轨迹跟踪法[14]、曲线平滑搜索[15]，暂不考虑这些算法在低信噪比下的特征分解准确度，只从代价函数计算次数的角度，分析对比现有算法和曲线跟踪法进行时频特征分解的时间复杂度，对比结果如表 4.3 所示。

表 4.3　时频特征分解算法复杂度对比结果

算法	曲线跟踪	Viterbi 法	改进自适应 Viterbi	滑动窗轨迹跟踪法	曲线平滑搜索
复杂度	$O[kB(N-1)]$	$O[M^2N]$	$O[M_{>\text{th}}^2N]$	$O[mMN]$	$O[kM_{>\text{th}}N]$

表 4.3 中，k 表示分量个数，$M_{>\text{th}}$ 表示频域大于设置阈值的点数，m 表示滑动窗的宽度，算法中有 $B<M_{>\text{th}}<M$。通过对比可以发现，本书所采用的曲线跟踪方法在几种时频特征分解算法中的复杂度最低，具备快速分解多分量混合时频特征的能力。

用曲线跟踪方法对两分量混合微动信号的时频分析结果进行时频特征分解，提取出每个微动信号的时频特征。信号参数设置同前文中的信号参数，信噪比为 0 dB。信号的时频分布以及各信号的时频特征结果如图 4.16～图 4.19 所示。

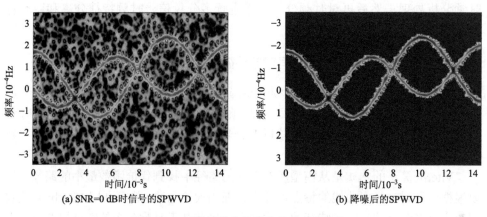

(a) SNR=0 dB时信号的SPWVD　　　　　　　(b) 降噪后的SPWVD

图 4.16　两分量微多普勒信号的时频分布

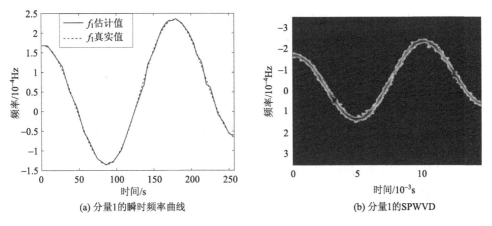

(a) 分量1的瞬时频率曲线　　　　　　　　(b) 分量1的SPWVD

图 4.17　分解出的分量 1 微多普勒时频特征

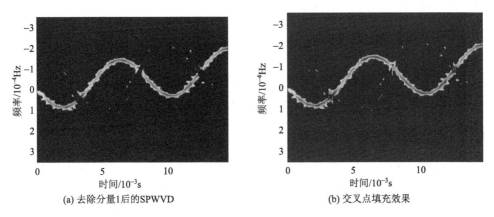

(a) 去除分量1后的SPWVD　　　　　　　　(b) 交叉点填充效果

图 4.18　去除分量 1 的微多普勒时频特征

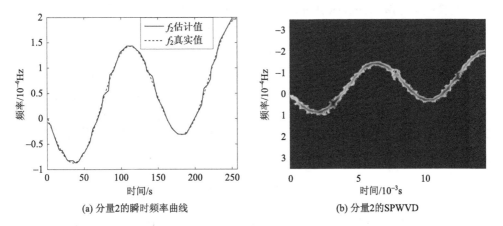

(a) 分量2的瞬时频率曲线　　　　　　　　(b) 分量2的SPWVD

图 4.19　分解出的分量 2 微多普勒时频特征

　　图 4.16 给出了 0 dB 下两分量微多普勒信号的 SPWVD 和降噪结果。图 4.17(a)
是由曲线跟踪方法提取出的分量 1 的瞬时频率曲线 $\hat{f}_1(n)$，与信号真实的瞬时频率
基本重合，证明了本方法的正确性；图 4.17(b) 为根据 $\hat{f}_1(n)$ 和 $W_{\text{ext1}}(m,n)$ 提取出的
分量 1 时频图，可以看到曲线跟踪法能够克服时频特征交叠的干扰，准确地提取
单分量的时频特征，为后续基于瞬时频率的微动特征分析和参数估计奠定了基础。
图 4.18 为从原时频分布中去除分量 1 的结果，对比图 4.18(a)、(b) 可以发现，带
宽阈值判断法可以有效填充原交叉点处的间断，图中在分量 2 以外还存在少量孤
立点，这是由确定 B_1 时存在偏差、分量 1 滤除不完全导致。图 4.19 为分量 2 的瞬
时频率提取效果，与真实值基本重合，可见曲线跟踪方法并没有受到图 4.18 中分
量 1 残留时频点的影响。

　　这里定义一个参数波形相似度 γ，用来衡量提取出的各分量瞬时频率与真实
瞬时频率的匹配程度，γ 的数学表达式为

$$\gamma_i = \frac{|E[f_i(n)\hat{f}_i(n)]|}{\sqrt{|E[f_i(n)]^2 E[\hat{f}_i(n)]^2|}} \tag{4-27}$$

　　γ 值越接近 1，则说明两条曲线的匹配程度越高；越接近 0，则匹配程度越低。
两分量微动特征的瞬时频率曲线相似度分别为：$\gamma_1 = 0.9995$，$\gamma_2 = 0.9991$。

4.3.3　基于经验模态分解的微动时频特征分离提取

　　平动项的存在破坏了微动时频特征本来的正弦曲线形式，所以在提取目标微
动时频特征之前，首先要从单信号时频特征中去除平动的影响。本书研究在较少
的信号周期下去除平动特征影响的方法，尽可能减少处理的数据量，实现特征的
快速提取，保证算法具备实时性。具体是将平动时频特征看作混合特征的趋势项，
利用经验模态分解（empirical mode decomposition，EMD）方法对分解后的时频特
征进行平动和微动分离，提取出目标的微动时频特征，这样就无需过分关注平动
分量的具体参数信息，降低对信号长度的要求，且不需要预知运动模型。

　　针对时域信号的分离，Huang 等[16]提出经验模态分解（EMD）方法，指出 EMD
能够将任意信号分解为若干本征模式函数（intrinsic mode function, IMF）之和，而
每个 IMF 分量包含了解释和理解信号的特征信息。经验模式分解方法属于一种
自适应的信号分析方法，对于任意信号 $x(t)$，EMD 可将其分解为有限数量的本征
模态函数（IMF）和一个残余分量的组合，具体可表示为

$$x(t) = \sum_{i=1}^{P} \text{IMF}_i(t) + r_n(t) \tag{4-28}$$

　　所谓本征模态函数必须满足两个基本条件：一是整个函数序列的极值点（所有
极大值和极小值）个数与过零点个数差值小于等于 1；二是任意时刻信号的上下包

络均值等于或接近 0。IMF 中蕴含信号的振荡模式，也被称为内蕴模式函数。

按照分解出的先后次序，分量 IMF_i 包含的频率依次降低，最后的余量 $r_n(t)$ 为一常数或单调函数，体现出信号的趋势变化。对于平动-微动混合的微多普勒信号，平动引起信号时频特征变化相较于微动而言是慢变量，对应时频曲线的整体斜率变化，与 EMD 分解的残余分量有相同的物理意义。所以，采用 EMD 分解方法对平动-微动混合的时频特征进行分解。

利用 EMD 方法对前文中提取出的各独立分量信号时频特征进行分离提取，并对提取结果进行分析，仿真结果如图 4.20 和图 4.21 所示。

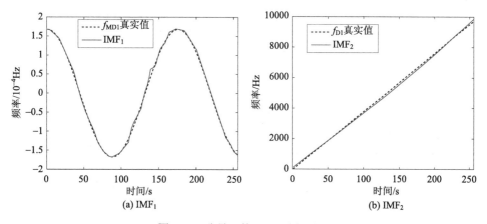

图 4.20　分量 1 的 EMD 分解结果

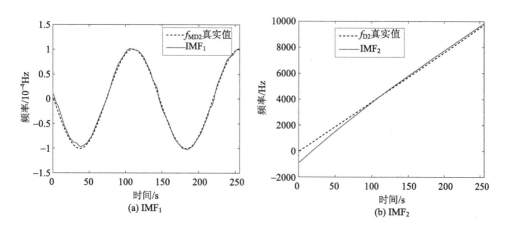

图 4.21　分量 2 的 EMD 分解结果

从图 4.20 和图 4.21 可以看出，经过正弦周期延拓的 EMD 方法分解得到的第一个本征模态函数即为该分量微动特征的瞬时频率曲线，分解出的趋势项与信号的平动特征吻合，两个图(b)中的 IMF_2 实际表示的是 EMD 分解到最后的残留项，并非真值的本征模态函数。通过分解结果与各分量信号真实平动、微动瞬时频率的对比发现：正弦周期延拓的方法可以很好地抑制分解过程中端点效应的影响，在此基础上进行 EMD 可直接实现混合信号平动和微动特征的分解，避免了通过估计平动参数—重构平动分量—去除平动影响来实现微动特征提取的复杂流程，一定程度上减少了算法计算量。

下面对经验模态分解法和传统的基于平动参数拟合-重构法的分离提取效果进行对比，对比结果如表 4.4 所示。

表 4.4　经验模态分解法和拟合-重构法的特征分离提取效果对比

方法		本书方法	传统拟合-重构方法					
信号长度		N	N	$2N$	$3N$	$4N$	$5N$	$6N$
分量 1	γ_{IMF1}	0.9995	0.9878	0.9906	0.9942	0.9978	0.9985	0.9990
	γ_{IMF2}	0.9996	0.9809	0.9943	0.9980	0.9991	0.9998	0.9999
分量 2	γ_{IMF1}	0.9987	0.9528	0.9767	0.9917	0.9939	0.9969	0.9984
	γ_{IMF2}	0.9991	0.9310	0.9714	0.9963	0.9982	0.9995	0.9999

表 4.4 中的 N 表示信号包含的离散点数。当传统方法处理的信号长度较短时，提取的特征和真实特征之间的波形相似度较低，随着信号长度的增加，相似度逐渐升高，当信号长度达到 $6N$ 时，波形相似度才接近本书方法的结果。由于基于时频分布提取目标的微动特征，处理信号的长度越长包含的点数越多，则进行时频分析的计算量越大，消耗的时间越长。仿真表明，对 N 个点进行 SPWVD 运算的时间为 2.625 s，对 $6N$ 个点消耗的时间为 17.625 s。所以，利用传统拟合法实现特征准确分离提取的速度较慢。而本书介绍的方法只需较短的信号长度即可获得较高的波形相似度，有利于实现对目标微动特征的快速提取。

至此，平动和微动混合的多分量微多普勒信号时频特征分解和微动时频特征提取的步骤可归纳总结如图 4.22 所示。

首先确定最优化的 SPWVD 参数，对平动-微动混合的多分量回波信号进行时频分析；然后确定阈值，设计二值化窗函数，对时频分布结果进行降噪，得到 $\boldsymbol{TF}(m,n)$；利用曲线跟踪方法分别提取降噪后的时频分布 $\boldsymbol{TF}(m,n)$ 中每个分量的时频特征，得到各分量独立的时频特征曲线 $\hat{f}_1$ 和 $\hat{f}_2$；最后利用前文设计的改进 EMD 方法分别对 $\hat{f}_1$ 和 $\hat{f}_2$ 进行分解，得到各分量独立的微动时频特征。通过对微动时频特征进行分析和对比可实现目标的分类。

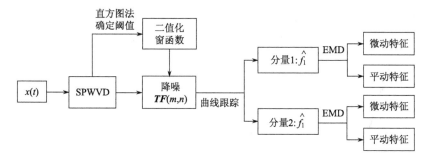

图 4.22　混合微动信号时频特征分解和微动时频提取步骤

4.4　基于信号模型的微动参数估计

对目标微动参数的估计方法可大体分为两类，一类是上一节中提到的以时频分析算法为基础的非参数化方法；另一类就是以信号模型为基础的参数化方法。时频分析方法可以直接描绘出符合实际物理意义的目标微动特征，对微动特征差异明显的目标可以直接通过提取分析时频特征实现目标的分类或辨识，具有其他方法无法比拟的方便、直观的优点。但是当微动时频特征相互接近时，只通过时频特征的分析是远远不够的，就需要对微动参数进行精确估计。

本节介绍两种对微动参数进行精确估计的方法：一种是基于静态参数粒子滤波模型的多维微动参数估计方法，另一种是基于最大似然的微动参数联合估计方法。

4.4.1　基于静态参数粒子滤波模型的微动参数估计

利用时变自回归(time-varying autoregressive,TVAR)模型[17]，结合微多普勒信号服从 SFM 模型的先验知识，基于受限粒子滤波(constrained particle filtering, CPF)[18]的模型，提出 CPF-TVAR 方法，实现时频域交叠的单通道多分量(TFO-SCMC)激光微多普勒信号的分离[10]。

本节以同频多分量为例进行瞬时频率(instantaneous frequency, IF)曲线分析，IF 曲线如图 4.23 所示。设微动形式为典型的振动，分量 1 振动频率为 150 Hz，幅度为 4 μm，初相为 0 rad。分量 2 振动频率为 150 Hz，幅度为 4 μm，初相为 0 rad。激光波长仍为 1.55 μm，采样率为 5×10^4 Hz，足以满足奈奎斯特定律，信号中加入高斯白噪声，信噪比为 40 dB。考虑到粒子滤波(particle filtering, PF)算法强大的模型适应能力，可根据 IF 曲线的特点，设计合理的代价函数，实现对多维微动参数的精确估计。

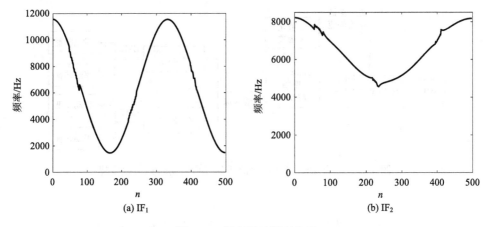

图 4.23　组合瞬时频率曲线

1. 静态参数粒子滤波模型

首先根据式(4-21)的激光微多普勒信号数学模型，通过对其相位求导可得到其瞬时频率，则瞬时频率的数学表达式为

$$\mathrm{IF}_k(t) = \frac{1}{2\pi} \frac{\partial \phi_{\mathrm{SFM}}}{\partial t} = \frac{4\pi D_{\mathrm{v}k} f_{\mathrm{v}k} \cos\left(2\pi f_{\mathrm{v}k} t + \rho_{0k}\right)}{\lambda} \tag{4-29}$$

将式(4-29)作为粒子滤波模型的观测方程，将式中待求的微动参数作为系统状态，由于参数固定不变，所以由其构成的粒子滤波称为静态参数模型。

其动态模型可表示为

$$\begin{aligned} y_t &= \mathrm{IF}_k(t) + v_t \\ \boldsymbol{x}_t &= \boldsymbol{x}_{t-1} + w_t \end{aligned} \tag{4-30}$$

式中，$\boldsymbol{x}_t$ 为 t 时刻粒子的状态矢量，第 i 个粒子的状态矢量可写为 $\boldsymbol{x}_t^i = [D_{\mathrm{v}}^i(t), f_{\mathrm{v}}^i(t), \rho_0^i(t)]$。

对于静止参数，粒子多样性不会增加，只能在初始化形成的粒子组中寻找最优解，无法保证正确收敛。所以需要加入抖动 w_t 来维持粒子的多样性，w_t 决定了粒子的状态更新效果，直接影响整个算法的效率。

为了提高算法效率，同时解决重采样导致的多样性匮乏问题，采用马尔可夫链蒙特卡罗(Markov Chain Monte Carlo，MCMC)理论下的梅特罗波利斯-黑斯廷(Metropolis-Hasting，MH)算法更新粒子状态[19]，这相当于是在随机更新的基础上加入方向的选择，使粒子始终向真值方向更新，有效减少收敛所需的迭代次数。

2. 参数估计流程

本书采用变粒子数目的粒子滤波方法进行滤波，变粒子数目的粒子滤波方法思路为：首先设置较大的初始粒子数目，产生多种粒子组合；然后通过一次迭代计算各粒子组的权重，只保留权重较高的少数粒子作为下一次迭代的初值。粒子滤波的终止条件可通过设置迭代次数 T_{stop} 或误差阈值 ε_{stop} 来进行判断。通过动态变化粒子数目，解决了初始化问题，并优化了算法效率，完整的粒子滤波静态参数估计流程可表示为图 4.24 所示[20, 21]。

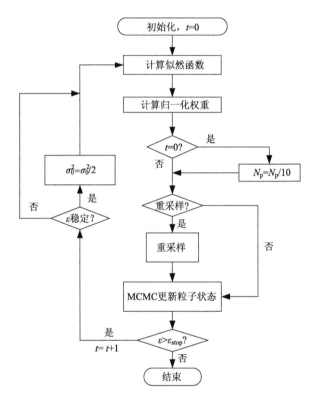

图 4.24　静态参数粒子滤波流程图

算法各步可概括为：

(1)确定参数范围，设定粒子数为 N_p，初始化粒子 $\boldsymbol{X}_0^i = [D_v^i(0), f_v^i(0), \rho_0^i(0)]$，迭代次数 $t=0$；

(2)计算各组粒子似然函数 $p(y_t \mid \boldsymbol{x}_t^i)$；

(3)计算粒子权值 w_t^i，只在 $t=0$ 时对权重降序排列，只取前 1/10 权重所对应的粒子用于下次迭代，其余舍弃，$N_p = N_p / 10$；

(4) 计算 N_{eff} 值，判断是否需要重采样；

(5) 确定建议分布方差，采用 MH 算法更新粒子状态，保持多样性；

(6) 监测 ε 和 σ_t^2，若 $\varepsilon > \varepsilon_{\text{stop}}$，返回步骤 (2)（在此情况下，若有 ε 在数次迭代中趋于稳定，则 $\sigma_0^2 = \sigma_0^2 / 2$，$t = t+1$；若 ε 稳定地小于等于 $\varepsilon_{\text{stop}}$，则迭代结束）；

(7) 用 $\hat{x}_t = \sum_{i=1}^{N_{\text{p}}} w_t^i x_t^i$ 计算粒子均值作为参数的估计。

3. 仿真分析

利用静态参数模型粒子滤波算法对分离出的瞬时频率曲线进行处理，估计出微动参数，并验证算法的性能。

粒子滤波过程中取 $\sigma_0^2 = 10^{-2}$，两分量各自的微动参数估计结果如图 4.25 和图 4.26 所示。

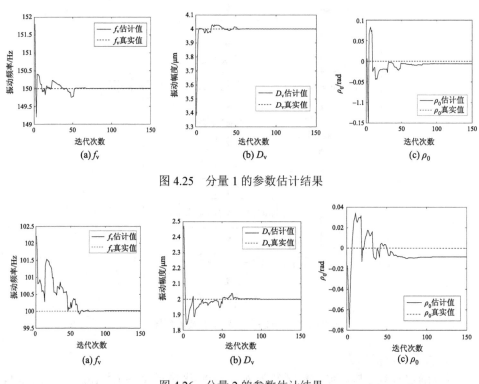

图 4.25　分量 1 的参数估计结果

图 4.26　分量 2 的参数估计结果

从图 4.25 和图 4.26 中可以看出，在经历了 60 次迭代左右，算法实现了收敛，其中微动频率和微动幅度基本收敛至真实值，微动初始相位与真实值仍存在一定误差。下面定量对比本书方法和传统方法的参数估计性能，如表 4.5 所示。

表 4.5　不同方法微动参数估计精度对比

		f_{v1}/Hz	D_{v1}/μm	ρ_{01}/rad	f_{v1}/Hz	D_{v1}/μm	ρ_{01}/rad
真实值		150	4	0	100	2	0
静态参数 PF	估计值	150.0059	4.001	0.0073	100.012	1.9991	0.0085
	RE / %	0.0039	0.025	—	0.012	0.045	—
LS 拟合	估计值	149.383	3.954	0.0028	100.635	1.926	0.0238
	RE / %	0.411	1.15	—	0.635	3.7	—
FFT+峰峰值	估计值	146.5	4.12	0.046	97.66	2.241	0.233
	RE / %	2.3	3	—	2.34	12.05	—

表中的 RE 表示相对估计误差。从表 4.5 中可以看出，基于静态参数模型的粒子滤波方法对微动参数的估计精度比最小二乘拟合的要高 1~2 个量级，比传统峰峰值方法高 3 个量级甚至更多，证明了所提方法的优势。

4.4.2　基于最大似然的微动参数估计

1. 最大似然和均值似然理论分析

1）最大似然函数

在实际观测的回波信号中往往夹杂着噪声，考虑噪声存在的情况下探测到的信号离散形式为

$$x(n) = e(n) + \upsilon(n) = A \cdot \exp\left\{ \mathrm{j}\left[4\pi D_v \cos(\omega_0 n - \rho_0)/\lambda_c \right]\right\} + \upsilon(n) \qquad (4\text{-}31)$$

式中，$\upsilon(n) \sim N(0,\sigma^2)$ 为加性高斯白噪声。

待估计的参数矢量 $\psi = [D_v, \omega_0]^{\mathrm{T}}$，$D_v$ 为最大振动幅度，$\omega_0 = 2\pi f_0 = 2\pi f_v/f_s$，$f_v$ 为微动频率，f_s 为回波信号采样频率；ρ_0 为初始相位。

观测样本的概率密度函数即为待估参数的最大似然函数，对其求对数后化简可得

$$L'(\boldsymbol{x};\psi) = -\frac{N}{2}\ln 2\pi - \frac{N}{2}\ln\sigma^2 - \frac{1}{2\sigma^2}(\boldsymbol{x}-\boldsymbol{e})^{\mathrm{H}}(\boldsymbol{x}-\boldsymbol{e}) \qquad (4\text{-}32)$$

从上式可知，求似然函数最大值等同于求 $J(\psi) = \frac{1}{2\sigma^2}(\boldsymbol{x}-\boldsymbol{e})^{\mathrm{H}}(\boldsymbol{x}-\boldsymbol{e})$ 的最小值，此时参数的似然估计值 $\hat{\psi}$ 为

$$\hat{\psi} = \arg\min_{\psi}\left[\frac{1}{2\sigma^2}(\boldsymbol{x}-\boldsymbol{e})^{\mathrm{H}}(\boldsymbol{x}-\boldsymbol{e}) \right] \qquad (4\text{-}33)$$

因为理想信号 $\boldsymbol{e}$ 可分解为两部分，即不包含参数的复振幅项和包含参数的函

数项，所以式(4-33)可改写为如下形式并进一步化简：

$$\hat{\psi} = \arg\min_{\psi} \left[\frac{1}{2\sigma^2}(x - H(\psi)A)^{\mathrm{H}}(x - H(\psi)A) \right] \tag{4-34}$$

$$H(\psi) = [1, \mathrm{e}^{\mathrm{j}4\pi D_{\mathrm{v}}\cos(\omega_0 \times 1 - \rho_0)/\lambda_{\mathrm{c}}}, \cdots, \mathrm{e}^{\mathrm{j}4\pi D_{\mathrm{v}}\cos(\omega_0 \times (N-1) - \rho_0)/\lambda_{\mathrm{c}}}]$$

在求解式(4-34)时，将 H 和 A 的估计过程解耦来解决参数联合估计的问题，先求有关非线性参数的最大似然估计(maximum likelihood estimate, MLE)，再根据需要，用所求结果进行估计，这与直接求联合 MLE 是等价的。通过最小化 A 的 MLE 进一步化简式(4-34)，根据加权最小二乘估计，得到 A 的估计 $\hat{A}$ 为

$$\hat{A} = [\hat{H}(\psi)^{\mathrm{H}}C(\psi)^{-1}\hat{H}(\psi)]^{-1}\hat{H}(\psi)^{\mathrm{H}}C(\psi)^{-1}x \tag{4-35}$$

此时有

$$J(\psi) = \frac{1}{2\sigma^2}(x - Px)^{\mathrm{H}}(x - Px) \tag{4-36}$$

$$P = H(\psi)[\hat{H}(\psi)^{\mathrm{H}}C(\psi)^{-1}\hat{H}(\psi)]^{-1}\hat{H}(\psi)^{\mathrm{H}}C(\psi)^{-1}$$

因为投影矩阵满足 $P = P^2 = P^{\mathrm{H}}$，所以可得

$$J'(x;\psi) = \left| xH(\psi)^{\mathrm{H}} \right|^2 \propto J(\psi) \tag{4-37}$$

而其中

$$\hat{\psi} = \arg\max_{\psi} \left| xH(\psi)^{\mathrm{H}} \right|^2 = \arg\max_{\psi} \left| \sum_{n=0}^{N-1} x(n)\mathrm{e}^{-\mathrm{j}4\pi D_{\mathrm{v}}\cos(\omega_0 n - \rho_0)/\lambda_{\mathrm{c}}} \right|^2 \tag{4-38}$$

式(4-38)表示的代价函数是一个与目标微动参数 D_{v}、ω_0 有关的多峰离散函数，存在多个局部最大值，直接求解 MLE 计算量很大，所以引入均值似然函数来求解全局最大值点。

2) 均值似然函数

根据待估计参数 ψ 表达式，定义待求参数的均值似然函数为[22]

$$\hat{D}_{\mathrm{v}} = \lim_{\rho \to +\infty} \int_{-\infty}^{+\infty} \int_{-\infty}^{+\infty} D_{\mathrm{v}} p(D_{\mathrm{v}}, \omega_0) \mathrm{d}D_{\mathrm{v}} \mathrm{d}\omega_0 \tag{4-39}$$

$$\hat{\omega}_0 = \lim_{\rho \to +\infty} \int_{-\infty}^{+\infty} \int_{-\infty}^{+\infty} \omega_0 p(D_{\mathrm{v}}, \omega_0) \mathrm{d}D_{\mathrm{v}} \mathrm{d}\omega_0 \tag{4-40}$$

式中，$p(D_{\mathrm{v}}, \omega_0)$ 为归一化压缩似然函数，其表达式为

$$p(D_{\mathrm{v}}, \omega_0) = \frac{\exp(\rho J'(x;\psi))}{\displaystyle\int_{-\infty}^{+\infty} \int_{-\infty}^{+\infty} \exp(\rho J'(x;\psi)) \mathrm{d}D_{\mathrm{v}} \mathrm{d}\omega_0} \tag{4-41}$$

对包含微多普勒特征的信号而言，$J'(x,\psi)$ 是一个多峰函数，除存在着全局最大值外，还存在多个局部最大值点，这些点的存在会影响参数估计的精度，严

重时甚至会将局部最大值错误估计为全局最大值。对 $J'(x,\psi)$ 求指数，函数值整体增加，全局最大值相对于局部最大值增加更多，再乘以因子 ρ 可使峰值更加突出，这里 ρ 可以认为是压缩系数。当 $\rho \to \infty$ 时，全局最大值远大于其他值，可以理解为 $p(D_v,\omega_0)$ 的取值概率主要集中于全局最大值附近。其概率密度函数十分尖锐，接近冲激函数，这一特性保证了全局收敛和估计精度。此时，认为均值似然估计的性能与最大似然估计的相同。虽然 ρ 值越大，均值似然估计性能越接近 MLE，但并不意味着 ρ 总是可以取到任意大的值，当 ρ 太大时，会导致数值超限引起计算错误，其取值范围与数据处理长度和信噪比相关。事实上，当 ρ 取某一确定值足以获得全局最优时，任何大于该值的 ρ 都能得到这样的效果。

2. 基于均值似然的参数估计

1) 单分量信号均值似然估计

直接根据均值似然函数表达式求解全局最大值，对于 q 个待求参数，需要进行 q 维的积分，计算复杂。实际操作中，可以把归一化的压缩似然函数看作待估计参数的联合概率密度函数(probability density function, PDF)，这样多维积分问题就可看作概率论中求随机变量均值的问题。再采用蒙特卡罗方法求均值就避免了多维积分的问题，可有效减少计算量。不过，应当注意到待估计参数 ψ 并非随机的，因此 $p(D_v,\omega_0)$ 是伪概率密度函数。

在用蒙特卡罗法求均值时，要求产生服从 $p(D_v,\omega_0)$ 分布的一系列随机的待求参数，再对其求均值实现对参数的估计。考虑到方便，这里以两参数估计为例进行说明，算法的具体步骤如下：

(1) 根据参数范围，在 $M \times N$ 的参数网格空间计算联合概率密度函数 $p(D_v,\omega_0)$ 在各点的值。M 和 N 分别为参数 D_v 和 ω_0 在各自取值范围上分割的离散点数。

(2) 正弦调频信号参数估计中，一般应先估计克拉默-拉奥界较低的调制频率，再估计调制幅度、相位等参数。但在激光振动探测中，考虑的目标振动幅度低，且满足奈奎斯特定律的信号采样率远高于振动频率，这样的参数设置使 D_v 的克拉默-拉奥界(Cramer-Rao bound, CRB)低于 ω_0，所以根据式(4-41)求 $p(D_v,\omega_0)$ 时，先计算振动幅度参数的边缘概率密度分布 $P(D_v)_m$。

首先，其边缘概率密度函数 $p(D_v)_i$ 为

$$p(D_v)_i = \sum_{j=1}^{N} p[D_v(i),\omega_0(j)]\Delta\omega_0 \tag{4-42}$$

故其有边缘概率密度分布 $P(D_v)_m$ 为

$$P(D_{\mathrm{v}})_m = \sum_{i=1}^{m} p(D_{\mathrm{v}})_j \Delta D_{\mathrm{v}} = \sum_{i=1}^{m} \sum_{j=1}^{N} p[D_{\mathrm{v}}(i), \omega_0(j)] \Delta \omega_0 \Delta D_{\mathrm{v}} \tag{4-43}$$

$$m = 1, 2, \cdots, M$$

(3)根据步骤(2)得到的关于 D_{v} 的边缘概率密度得到振动频率 ω_0 的条件概率密度 $p(\omega_0 \mid D_{\mathrm{v}}(i))_j$ 为

$$p(\omega_0 \mid D_{\mathrm{v}}(i))_j = \frac{p[D_{\mathrm{v}}(i), \omega_0(j)]}{p(D_{\mathrm{v}})_i} \tag{4-44}$$

此时，有 ω_0 的条件分布函数为

$$P(\omega_0 \mid D_{\mathrm{v}}(i))_n = \sum_{j=1}^{n} \frac{p[D_{\mathrm{v}}(i), \omega_0(j)]}{\sum\limits_{j=1}^{N} p[D_{\mathrm{v}}(i), \omega_0(j)] \Delta \omega_0} \Delta \omega_0 \tag{4-45}$$

$$n = 1, 2, \cdots, N$$

(4)产生服从 ω_0 和 D_{v} 概率分布的 K 个样本，实现参数的蒙特卡罗估计。具体操作中，采用以下方法对参数进行采样。

产生服从均匀分布 $U(0,1)$ 的矢量 $\boldsymbol{u}_1, \boldsymbol{u}_2$，$\boldsymbol{u}_1 = [u_1, u_2, \cdots, u_K]$，$\boldsymbol{u}_2 = [u_1', u_2', \cdots, u_K']$。计算 $D_{\mathrm{v}}(k) = P^{-1}[\boldsymbol{u}_1(k)]$，$\omega_0(k) = P^{-1}[\boldsymbol{u}_2(k) \mid D_{\mathrm{v}}(k)]$，两参数各获得 K 次服从各自概率分布的实现。$P^{-1}(\bullet)$ 表示求边缘分布的逆函数，不能直接求解，可采用近似计算方法：

$$D_{\mathrm{v}}(k) = \arg \min_{D_{\mathrm{v}}} \left| P(D_{\mathrm{v}})_m - \boldsymbol{u}_1(k) \right| \tag{4-46}$$

$$\omega_0(k) = \arg \min_{\omega_0} \left| P(\omega_0 \mid D_{\mathrm{v}}(k))_m - \boldsymbol{u}_2(k) \right| \tag{4-47}$$

(5)对抽取的 K 个样本求平均，估计待求参数 $\hat{D}_{\mathrm{v}}$ 和 $\hat{\omega}_0$ 值：

$$\hat{D}_{\mathrm{v}} = \frac{1}{K} \sum_{k=1}^{K} D_{\mathrm{v}}(k) \tag{4-48}$$

$$\hat{\omega}_0 = \frac{1}{K} \sum_{k=1}^{K} \omega_0(k) \tag{4-49}$$

因为频率 ω_0 是以 π 为周期的，具有循环随机变量的特性，所以采用循环均值对其进行估计：

$$\hat{\omega}_0 = \frac{1}{2\pi} < \frac{1}{K} \sum_{k=1}^{K} \exp[\mathrm{j}2\pi\omega_0(k)] \tag{4-50}$$

2)多分量信号分离估计

以上为考虑目标为单散射点、多估计参数的情形，实际探测中往往存在多目标、多散射点、不同微多普勒特征参数的情况，此时的回波信号为各散射点振动

特征对载波信号进行频率调制后的叠加，经过探测器后的信号表达式为

$$x(n) = e(n) + \upsilon(n)$$
$$= \sum_{i=1}^{l} A_i \cdot \exp\left\{j[4\pi D_v(i)\cos(\omega_0(i)n - \rho_0)/\lambda_c]\right\} + \upsilon(n) \qquad (4\text{-}51)$$

式中，l 表示有不同振动特征参数的散射点个数，即信号分量个数。此时，单信号分量情况下的待估计参数 $[D_v, \omega_0]$ 在包含多分量回波信号中变成参数矢量 $\boldsymbol{D_v} = [D_v(1), D_v(2), \cdots, D_v(l)]$，$\boldsymbol{\omega_0} = [\omega_0(1), \omega_0(2), \cdots, \omega_0(l)]$。这时采用基于统计信号原理的均值似然估计方法可以同时实现参数的估计和分离，避免传统估计方法中先分离再估计带来的误差传递效应。

在用均值似然方法进行信号分离时存在两种情况：①各信号分量幅度 A_i 相差较大；②各分量幅度相近的情况。研究中以两分量为例进行分析，多分量情况可在此基础上进行扩展。对于情况①，由于分量间幅度差距大，指数化操作后的压缩似然函数与单分量类似，只体现幅值最大的分量，所以可直接按单分量进行估计，估计出参数 $[D_v(1), \omega_0(1)]$ 后，在源信号中减去参数对应的分量，实现信号分离，再用同样的方法估计分量 2 的参数。对于情况②，分量幅度相似，需要依次估计各分量参数。考虑各组微多普勒参数之间相互独立，在单分量基础上，②情况下参数估计和分离的具体步骤为：

(1) 计算两分量信号关于参数 D_v 的边缘分布函数 $P(D_v)_m$，产生 $u_1 \sim U[0,1]$，则分量 1 的振动频率为 $D_{v1}(1) = P^{-1}[u_1]$。

(2) 修正 D_v 的分布函数，令 $D_{v1}(1)$ 处对应概率密度为 0，重新计算参数 D_v 的边缘分布函数，得到 $P_{\text{new}}(D_v)_m$，产生 $u_2 \sim U[0,1]$，此时分量 2 的振动频率为 $D_{v2}(1) = P_{\text{new}}^{-1}[u_2]$，将 $D_{v1}(1)$ 和 $D_{v2}(1)$ 按从小到大的顺序排列并存储。

(3) 生产 $u_3, u_4 \sim U[0,1]$，根据单分量中步骤(3)方法，按照排列后的顺序分别估计两分量的振动幅度 $w_{01}(1)$ 和 $w_{02}(1)$。

(4) 将步骤(1)~(3)重复 K 次，得到各分量待估计参数的 K 个样本，分别计算样本均值，得到基于蒙特卡罗近似的均值似然参数估计结果。同时实现多分量信号的参数估计与分离。

3) 参数估计性能

对单分量目标振动回波信号的均值似然参数估计进行仿真，设激光器波长 $\lambda_c = 1550\,\text{nm}$，初始相位为 $\rho_0 = \pi/6$，目标微振动幅度 $D_v = 10^{-4}\,\text{m}$，振动频率 $f_v = 100\,\text{Hz}$，为简便起见，设目标方位角、俯仰角为 0，在满足奈奎斯特定理的前提下选择采样率为 $f_s = 400\,\text{kHz}$。对两分量信号设第二个分量 2 的振动幅度为 $D_{v2} = 8 \times 10^{-4}\,\text{m}$，振动频率 $f_{v2} = 50\,\text{Hz}$，两分量幅度相同，其他参数不变。

得到信号似然函数随待估计参数的分布情况如图 4.27 所示，归一化的压缩似

然函数，即参数均值似然估计中的二维概率密度函数如图 4.28 所示。

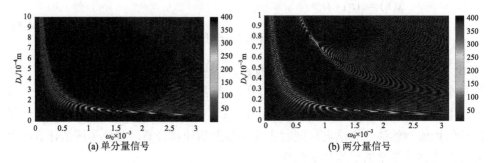

(a) 单分量信号　　　　　　　　　　　　　(b) 两分量信号

图 4.27　似然函数在参数空间分布图（见彩图）

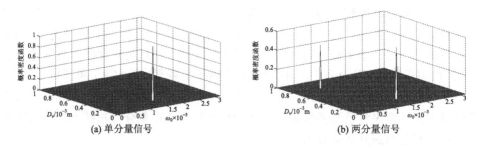

(a) 单分量信号　　　　　　　　　　　　　(b) 两分量信号

图 4.28　参数均值似然估计概率密度

　　图 4.27 中横纵坐标分别对应待估计参数 ω_0 和 D_v 的取值范围，颜色表示似然函数在对应参数对上的取值。从图中可以看到微多普勒信号似然函数随参数变化的趋势，其中颜色值最高的位置对应信号的待估计参数值。从图 4.28 中，可以看出只在设置的参数值位置上存在概率密度，其他参数对的概率几乎为 0，这保证了下一步均值似然估计的性能。经指数化压缩后的概率密度函数已非常尖锐，这与 ρ 的值有关。ρ 的取值既要保证估计的性能，即从众多的局部最大值中准确突出全局最大值，又要控制压缩似然函数不超过计算软件处理数值的上限，否则会引起计算误差，降低估计准确性，图 4.28 为选取 $\rho = 1$ 时的结果。

　　对单一分量和两分量回波信号的振动参数进行估计，估计过程中参数 ω_0 的概率分布如图 4.29 所示。

　　从图 4.29 可以看出，对于单分量信号，参数 ω_0 的分布函数十分陡峭，通过采样抽取的 ω_0 样本均在真值附近，保证了均值似然估计的精度。

　　对均值似然估计性能进行分析。令数据长度分别为 $N = 100$，$N = 200$，研究不同数据处理长度下、不同信噪比下对两分量信号的参数估计精度。每次参数估计过程中设置随机采样次数 $K = 1000$，信噪比变化范围 $-10 \sim 20\,\mathrm{dB}$，每隔 $5\,\mathrm{dB}$ 进行 100 次独立统计实验。得到估计均方误差与克拉默-拉奥下界及亚最佳估计方法误差对比结果如图 4.30 所示。

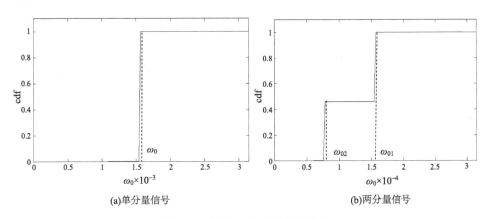

(a)单分量信号　　　　　　　　　　　(b)两分量信号

图 4.29　参数 ω_0 的边缘概率分布

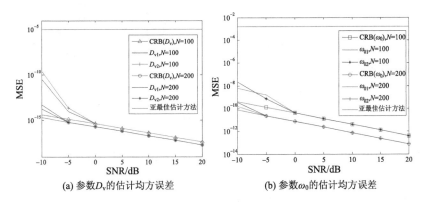

(a) 参数 D_v 的估计均方误差　　　　　　(b) 参数 ω_0 的估计均方误差

图 4.30　参数估计均方误差与克拉默-拉奥下界对比(见彩图)

从图 4.30 可以看出,微多普勒参数估计的克拉默-拉奥下界随 SNR 的增加而单调下降。图中的亚最佳估计方法是基于微多普勒频谱的特征对参数进行估计,可以看出亚最佳估计出的参数方差远高于克拉默-拉奥下界,没有发挥出激光探测高精度的优势。

采用均值似然估计方法,在 $N=100$ 时,两分量信号的待估计参数均能在 0 dB 时达到 CRB,在 $N=200$ 时,参数的估计精度也随 CRB 相应提高,并且在-5 dB 时达到 CRB,参数估计性能远高于亚最佳估计方法。图 4.30 中,$N=200$ 时的 CRB 要比 $N=100$ 时低,说明用于处理的数据长度越长,实现的估计精度也越高。在图 4.31 中给出的微多普勒信号似然函数在参数域的分布情况随数据长度的变化趋势,也可以解释这一现象。

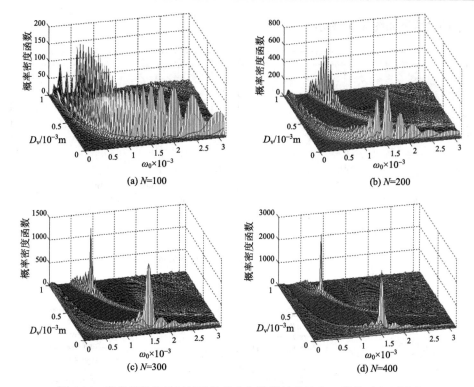

图 4.31　微多普勒信号似然函数分布与数据处理长度 N 的关系(见彩图)

从图 4.31 中可以看出，随着数据长度 N 的增加，振动信号似然函数在待估计参数域的分布形式越来越收敛，最终聚集在待估计参数真实值附加。在进行均值似然估计的过程中，是将似然函数的变形(压缩归一化形式)作为蒙特卡罗采样的概率密度分布。在图 4.31(a)、(b)中看出，当 N 较小的时候，似然函数的分布中还存在多个局部极大值，这会影响待估计参数的累积概率分布，使所采样本比较分散，进而会降低参数估计的精度；当 N 较大时，如图 4.31(c)、(d)所示，似然函数分布非常尖锐，表明蒙特卡罗采样中服从的概率分布也都集中在真实值附近，用此时的样本进行参数估计可以得到更高的估计精度。

3. 基于改进似然函数的微动参数联合估计

1)激光微多普勒信号似然函数设计

对于平稳信号或是传统微波雷达探测的目标微多普勒效应，经典 MLE 有着非常好的估计效果。但是对于微弱振动目标的微多普勒回波信号，只有利用激光探测才能获得明显的调制效应。对于这类信号，由 $J'(x;\psi)$ 确定的似然函数分布形式已发生了本质上的变化，其构造出的待估计参数 ψ 的 PDF 也从理想的平滑单峰形状变为密集的多峰形状，这将导致 MLE 在实现过程中出现错误收敛至局部极大值甚至不收敛的现象，无法准确估计参数。利用经典似然函数得到的微动参数概率密度分布与探测波长之间的关系如图 4.32 所示。

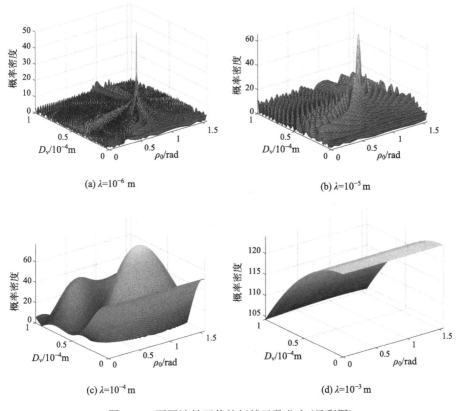

(a) $\lambda=10^{-6}$ m

(b) $\lambda=10^{-5}$ m

(c) $\lambda=10^{-4}$ m

(d) $\lambda=10^{-3}$ m

图 4.32　不同波长下传统似然函数分布（见彩图）

图 4.32 中的振动幅度设置为 50 μm，与实际目标的振动幅度量级相同，ρ_0 设为 $\pi/3$。图 4.32 中各图的微动参数相同，探测波长呈指数增长，在参数范围内仍取 200×200 的网格画出概率分布。从图 4.32 (a) 中可以看出，激光波段下的似然函数分布为密集的多峰形状，虽然在真值处存在全局最大值，但是密集的局部极大值的存在难以保证算法的有效收敛。随着波长的增加，图 4.32 (a) ～图 4.32 (d) 的概率密度峰值分布由密变疏。传统的迭代搜索方法在类似图 4.32 (c) 所示的平滑单峰形状的 PDF 分布下可以保证精确的峰值搜索，获得理想的参数估计结果，但在图 4.32 (a) 的情况中将失效。所以，对于激光微多普勒信号的参数估计必须重新设计新的似然函数。此外，图 4.32 (d) 中，随着波长的进一步增加，似然函数峰值消失，这意味着过长的波长失去对微弱振动的探测和估计能力。

　　把似然函数频谱中占总能量 η 时的频带宽度 w 作为判断参数估计值是否接近真值的指标，并依此来构建新的似然函数 $s_L(w;x,\psi)$ 为

$$s_L(w;x,\psi)=\arg_w\left(\frac{\sum_{f=0}^{w}(\mathcal{F}\{s_l(n)\})^2}{\text{sum}((\mathcal{F}\{s_l(n)\})^2)}=\eta\right) \tag{4-52}$$

式中，$\mathcal{F}\{\cdot\}$ 表示傅里叶变换，分母为计算频谱总能量，η 为设定 $s_{l1}(n)$ 部分占总能量的比例，由于信号时域和频域能量守恒，η 表达式可通过时域能量计算得到

$$\eta=\frac{A_1^2}{A_1^2+A_2^2+\sigma^2}=\frac{(A_1/A_2)^2}{[(A_1/A_2)^2+1](1+10^{-\text{SNR}/10})} \tag{4-53}$$

式中，A_1/A_2 的值表示两个信号分量的幅值比。

　　根据新的似然函数 $s_L(w;x,\psi)$，得到新的概率密度函数 $p(\psi)$ 为

$$p(\psi)=\frac{\exp(\gamma\cdot s_L(w;x,\psi))}{\int_{-\infty}^{+\infty}\int_{-\infty}^{+\infty}\int_{-\infty}^{+\infty}\exp(\gamma\cdot s_L(w;x,\psi))\,\mathrm{d}f_{vk}\mathrm{d}D_{vk}d\rho_{0k}} \tag{4-54}$$

　　由于新的似然函数 $s_L(w;x,\psi)$ 对似然函数形式进行了改进，可以直接得到理想平滑单峰形状的 PDF 分布。新的似然函数 $s_L(w;x,\psi)$ 在作用效果上可看作对传统似然函数分布进行曲面平滑，在不改变分布趋势的情况下，将离散网格法计算出的多峰值 PDF 变为理想的具有平滑连续特性的单峰形状，这提高了算法收敛效率，保证了正确收敛。

　　2) SCMC 信号参数估计流程

　　基于最大似然理论，利用 MCMC 采样估计目标微动参数，而对多维参数的 MCMC 采样，采用吉布斯方法来具体实现[19]。对多分量信号的联合估计，除了估计微动参数外，还需要估计出信号的幅度和初始相位。

　　根据估计的第 k 个分量的微动参数，用其重构信号的微多普勒部分 $\hat{s}_k(n)$，为

$$\hat{s}_k(n)=\exp[-\mathrm{j}\cdot4\pi\hat{D}_{vk}\cos(2\pi\hat{f}_{0k}n+\hat{\rho}_{0k})/\lambda] \tag{4-55}$$

　　上式的似然函数 $J'(x;\psi)$ 改写为

$$J'(x;\psi)=\left|x\cdot\hat{s}_k\right|^2=\left|\sum_{n=1}^{N}A_ks_k\hat{s}_k(n)+\sum_{i=1,i\neq k}^{K}\sum_{n=1}^{N}A_is_i\hat{s}_k(n)+\sum_{n=1}^{N}w(n)\hat{s}_k(n)\right|^2 \tag{4-56}$$

式中，$s_k=\exp\{\mathrm{j}\cdot[4\pi D_{vk}\cos(2\pi f_{0k}n+\rho_{0k})/\lambda+\theta_k]\}$ 表示混合信号中的第 k 个分量单位调制信号。当估计值与实际参数相等时，重构分量与实际分量抵消，等式最右边第一项等于 $A_kN\exp(\mathrm{j}\theta_k)$。由于重构分量与其他分量参数不同，所以第 2 项相当于是一个宽带正弦调频信号的求和，在一个调制周期内其值正好为 0，N 的值一般根据 SVR 结果选取整周期长度。噪声和重构信号不相关，经过长时间累积后，第 3 项也近似为 0。

此时，得到信号幅度和相位的估计值 $\hat{A}_k$ 和 $\hat{\theta}_k$ 分别为

$$\hat{A}_k = \left| \boldsymbol{x} \cdot \hat{\boldsymbol{s}}_k \right| / N \tag{4-57}$$

$$\hat{\theta}_k = \text{phase}\,(\boldsymbol{x} \cdot \hat{\boldsymbol{s}}_k) \tag{4-58}$$

在估计出信号幅度和相位后，即得到分量 k 所有参数，因此可完整地重构出第 k 个分量为 $\hat{A}_k \hat{s}_k(n) \mathrm{e}^{\mathrm{j}\hat{\theta}_k}$，将其从初始混合信号中去除，再用同样方法继续对剩余信号参数进行估计。完整的 TFO-SCMC 混合信号微动参数联合估计流程如图 4.33 所示[23]。

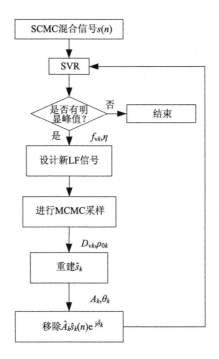

图 4.33　TFO-SCMC 混合信号微动参数联合估计流程

TFO-SCMC 混合信号微动参数联合估计的思路是：对观测到的混合信号进行处理时，首先按照构建信号的矩阵形式，计算奇异值比(singular value ratio, SVR)谱。当 SVR 谱中存在明显峰值时说明信号中存在微多普勒分量，根据峰值计算出该分量微动周期。然后根据设计的似然函数进行 MCMC 采样，实现该分量的参数 D_v 和 ρ_0 的最大似然估计。利用微动参数重构信号的微多普勒部分，根据式 (4-57) 和式 (4-58) 估计信号幅度和初相。利用估计出的参数重构该分量信号，并从总的观测信号中去除。对剩余信号重新计算 SVR 谱，若谱中有明显峰值则重复

上述步骤估计出峰值对应的分量；若无明显峰值，则认为信号中的微多普勒分量已全部去除，剩余信号中只有噪声分量，估计结束。

3) 实验验证

利用 4.2 节搭建的激光相干探测微多普勒实验采集系统，对目标振动的微多普勒效应进行探测，利用实验数据来验证算法有效性。实验中采集到信号的时域波形与时频分布如图 4.34 所示。

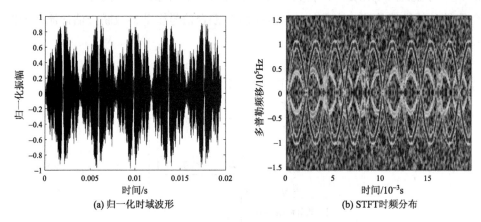

(a) 归一化时域波形　　　　　　　　(b) STFT时频分布

图 4.34　实验信号时域波形及其时频分布

从图 4.34(a) 中可以看出，目标振动的微多普勒效应对信号的调制效果使两个分量的混合信号在时域上表现出周期性，该周期与目标振动周期一致，所以具备利用 SVR 谱来估计目标振动频率的条件。图 4.34(b) 为混合信号的时频分布，两个分量的微多普勒特征在时频域相互交叠，这将导致传统的信号分离和估计方法失效，因而研究 SCMC 时频交叠信号处理方法非常有必要。

利用传统逆 Radon(拉东) 变换对时频图进行处理，估计出各分量的微动参数，以便与本书所提出的方法作对比，采用逆 Radon 变换来估计微动参数的结果如图 4.35 所示。

从逆 Radon 变换的微动参数估计结果可以看出，基于时频分布的参数估计只能把微动参数的估计定位到一个大致区域，并不精确到具体值，这难以保证估计精度，而且逆 Radon 定位的参数区域大小严重依赖于时频分布的分辨率，会存在严重的误差传递影响。

用本书所提出的基于最大似然函数的微动参数估计方法对实验数据进行处理，微动参数的估计结果如图 4.36 和图 4.37 所示。

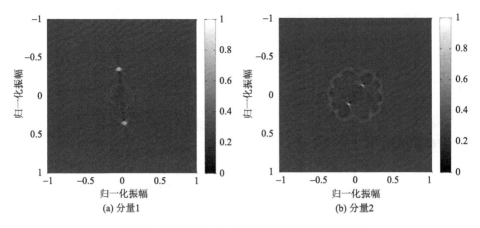

(a) 分量1　　　　　　　　　　　　　(b) 分量2

图 4.35　采用逆 Radon 变换的微动参数估计结果

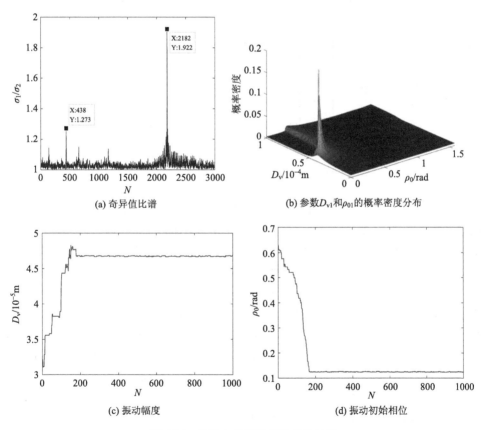

(a) 奇异值比谱　　　　　　　　　　(b) 参数D_{v1}和ρ_{01}的概率密度分布

(c) 振动幅度　　　　　　　　　　　(d) 振动初始相位

图 4.36　分量 1 的微动参数估计结果

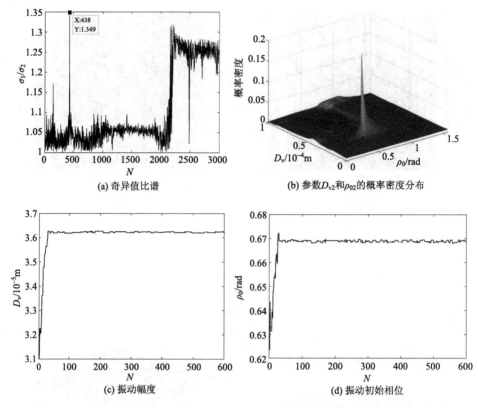

图 4.37　分量 2 的微动参数估计结果

从图 4.36(a)的奇异值比谱中，除了得到各分量的振动周期外，还可以得到最高峰和次高峰值比 SVR$_1$/ SVR$_2$=1.5098，对应分量的幅值比约为 2.1，代入式(4-59)中，计算得到 η=0.815，由此得到的概率分布是理想的平滑单峰形状，如图 4.36(b)所示，这样就可以保证算法快速准确的收敛。利用 MCMC 方法实现对参数 D_v 和 ρ_0 的最大似然估计，结果如图 4.36(c)、(d)所示，马尔可夫链迅速得到收敛，说明锁定了信号的真实参数，整个参数最大似然估计的过程不到 1 s，表明具备实时处理能力。从探测信号中去除分量 1，继续对剩余信号进行估计，分量 2 的周期在图 4.37(a)中有明显的峰值，但 SVR 谱中除了分量 2 的主峰值，还有分量 1 的残留分量，这是由于实验中驱动源自身的不稳定和目标对驱动响应不稳定，使实验目标的实际振动模拟不理想造成的。实验中的这些不确定性相当于给信号增加了频率噪声，会影响参数估计的精度。但从图 4.37(b)的概率分布形状和(c)、(d)的收敛情况来看，这并不会影响该方法对分量 2 中的参数估计效果。方法对实验数据处理得到的收敛效果与仿真分析一致，验证了方法的有效性。

为定量分析对比参数估计准确度，这里用估计参数重构的时域信号波形相似

度 γ 来验证参数估计的准确度,并与传统非参数化法的方法 STFT 结合逆 Radon 变换进行对比,结果如表 4.6 所示。

表 4.6 两种方法的重构信号波形相似度对比结果

	MLE 和 MCMC	STFT 和逆 Radon
γ_{mix}	0.9105	0.5648

从表 4.6 可以看出,利用最大似然估计得到微动参数的重构波形,其相似度达到 0.9 以上,远高于基于传统时频分布中逆 Radon 变换的重构波形的相似度,验证了参数估计的准确性,说明本书所提出的基于最大似然的微动参数估计方法更能实现对微动参数的精确估计。

参 考 文 献

[1] Chen V C, Li F, Ho S S, et al. Micro-Doppler effect in radar: phenomenon, model, and simulation study[J]. IEEE Transactions on Aerospace and Electronic Systems, 2006, 42(1): 2-21.

[2] Chen V C. Advances in applications of radar micro-Doppler signatures[C]// 2014 IEEE Conference on Antenna Measurements and Application, 2014.

[3] 郭力仁, 胡以华, 李政, 等. 本振功率对目标微动激光平衡外差探测的影响研究[J]. 红外与激光工程, 2015, 44(10): 2933-2937.

[4] Hu Y H, Guo L R, Dong X, et al. Overlapping laser micro-Doppler feature extraction and separation of weak vibration targets [J]. IEEE Geoscience and Remote Sensing Letters, 2018, 15(6): 952-956.

[5] 吴顺君, 杜兰, 刘宏伟. 雷达中的微多普勒效应[M]. 北京: 电子工业出版社, 2013.

[6] 蔡源龙. 雷达扩展目标回波模拟技术研究与实现[D]. 北京: 北京理工大学, 2015.

[7] 蔡权伟. 多分量信号的信号分量分离技术研究[D]. 成都: 电子科技大学, 2006.

[8] Stankovic L, Stanković S, Thayaparan T, et al. Separation and reconstruction of the rigid body and micro-Doppler signal in ISAR part II-statistical analysis[J]. IET Radar, Sonar & Navigation, 2015, 9(9): 1155-1161.

[9] 孟定坡. 基于 Modified S-method 的瞬时频率估计[D]. 西安: 西安电子科技大学, 2014.

[10] 郭力仁. 目标微动特征的激光探测信号处理与参数估计方法研究[D]. 长沙: 国防科技大学, 2018.

[11] 胡晓伟, 童宁宁, 董会旭, 等. 弹道中段群目标平动补偿与分离方法[J]. 电子与信息学报, 2015, 37(2): 291-296.

[12] 李坡. 雷达目标微动信号分离与参数估计方法研究[D]. 南京: 南京理工大学, 2012.

[13] 王义哲, 冯存前, 李靖卿. 弹道中段微多普勒分离与提取仿真研究[J]. 系统仿真学报, 2017, 29(6): 1201-1209.

[14] Zhao M M, Zhang Q, Luo Y, et al. Micromotion feature extraction and distinguishing of space

group targets[J]. IEEE Geoscience and Remote Sensing Letters, 2017, 14(2): 174-178.

[15] 张群, 罗迎. 雷达目标微多普勒效应[M]. 北京: 国防工业出版社, 2013.

[16] Huang N E, Shen Z, Long S R, et al. The empirical mode decomposition and the Hilbert spectrum for nonlinear and nonstationary time series analysis[J]. Proceedings of the Royal Society of Lodon Series A, 1998, 454(1971): 903-995.

[17] Hong L, Dai F, Wang X. Micro-Doppler analysis of rigid-body targets via block-sparse forward-backward time-varying autoregressive model[J]. IEEE Geoscience and Remote Sensing Letters, 2016, 13(9): 1349-1353.

[18] Zhao Z, Huang B, Liu F. Constrained particle filtering methods for state estimation of nonlinear process[J]. AIChE Journal, 2014, 60(6): 2072-2082.

[19] Gelman A, Carlin J B, Stern H S, et al. Bayesian Data Analysis[M]. Boca Raton, FL: CRC Press, 2014.

[20] 郭力仁, 胡以华, 王云鹏, 等. 基于粒子滤波的高阶运动目标激光探测微动参数估计[J]. 光学学报, 2018, 38(9): 0912006-1-0912006-7.

[21] 郭力仁, 胡以华, 董骁, 等. 运动目标激光微多普勒效应平动补偿和微动参数估计[J]. 物理学报, 2018, 67(15): 150701-1-150701-12.

[22] 郭力仁, 胡以华, 王云鹏. 基于均值似然估计的激光探测微动特征提取和分离[J]. 光学学报, 2017, 37(4): 0412004-1-0412004-11.

[23] 郭力仁, 胡以华, 王云鹏, 等. 基于最大似然的单通道交叠激光微多普勒信号参数分离估计[J]. 物理学报, 2018, 67(11): 114202-1-114202-14.

第5章　面向合成孔径的激光相干探测

合成孔径雷达(synthetic aperture radar，SAR)是一种主动式的成像雷达，具有分辨率高的特点。1978年，美国NASA成功发射世界上第一颗微波合成孔径雷达卫星SEASET[1]，SEASET向全世界展示了SAR获得高清晰度地表图像的能力。传统的激光雷达，其空间分辨率受到发射孔径衍射极限的限制，当观测距离达到几百公里甚至上千公里时，用米量级的真实孔径，难以获得厘米量级的分辨率。因而，人们希望将微波波段合成孔径技术移植到光学波段，以获得更高分辨率的图像，于是合成孔径激光雷达(synthetic aperture ladar, SAL)应运而生。本章基于面向合成孔径的激光相干探测，介绍合成孔径激光雷达的基本原理和系统组成，并对合成孔径激光雷达实验进行分析。

5.1　合成孔径激光雷达基本原理

合成孔径激光雷达作为一种新型的主动式成像雷达，成像时间短，分辨率高，能够获得接近于光学照片质量的高分辨率图像，并具有三维成像的能力，可满足各领域对高分辨率成像的迫切需求。特别是对于空间应用，无须考虑大气扰动对成像的影响，系统较容易实现。随着相关技术的发展，合成孔径激光雷达将在空间远距离激光成像和军事战术成像方面体现出重要的应用价值。

5.1.1　激光雷达的合成孔径直观概念

合成孔径激光雷达图像中可以显现出来的目标，是指可反射(或散射)该波长段的光脉冲的目标。合成孔径激光雷达的斜距方向是指沿着光束发射方向的距离，因此图像中距离向(range direction)的距离变化是指斜距的变化，目标场景即光斑覆盖下的场景；方位向(azimuth direction)是指雷达平台的移动方向，沿着平台的移动轨迹(along-track)，对于正侧视合成孔径激光雷达，方位向与距离向相互垂直(也称 cross-range direction)。

对于真实的孔径大小 D_T，衍射的波束发散角为 $\beta = \dfrac{\lambda}{D_T}$，因此传播到距离 R_T 处，其光斑大小为

$$L_{\text{spot}} = \beta \cdot R_T = \frac{\lambda R_T}{D_T} \tag{5-1}$$

式中，L_{spot} 是传统光学中所谓分辨率的衍射极限。

如图 5.1 所示，将光斑大小作为合成孔径的长度，即平台在移动过程中，从目标 T 开始进入波束的照射范围，到目标刚好移除波束的照射范围，平台移动一个光斑直径大小的位移。此时按照合成孔径理论，合成孔径的长度则为虚拟的孔径大小，其长度 L_{SA} 为

$$L_{SA} = \frac{\lambda R_T}{D_{T\text{-eff}}} = \beta_a \cdot R_T \tag{5-2}$$

式中，定义 $\beta_a = \dfrac{\lambda}{D_{T\text{-eff}}}$ 为光束的等效发散角。

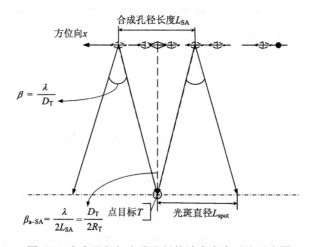

图 5.1 真实孔径与合成孔径的波束宽度对比示意图

在 SAR 中，β_a 为真实波束发散角，即 $\beta_a = \beta$，$D_{T\text{-eff}}$ 是真实孔径，即 $D_{T\text{-eff}} = D_T$；而在 SAL 中，若激光光束经过准直，则 $D_{T\text{-eff}}$ 应为等效的发射孔径，应用光斑直径大小进行反推，但不影响合成孔径原理推导。

对合成孔径长度为 L_{SA} 的虚拟孔径，考虑双程距离的影响，其虚拟的波束宽度为

$$\beta_{a\text{-SA}} = \frac{\lambda}{2L_{SA}} = \frac{D_T}{2R_T} \tag{5-3}$$

对应的场景方位向分辨率为

$$\rho_a = \beta_{a\text{-SA}} \cdot R_T = \frac{D_T}{2} \tag{5-4}$$

这种处理模式即聚焦处理，理想的方位向分辨率是在聚焦模式下获得的。但是每个脉冲发射时平台的空间位置与目标的斜距不同，造成雷达在各个空间位置

获取的回波信号的相位各不相同，因此需要利用信号处理的方法将各个空间位置处的回波信号的相位进行补偿，使它们具有相同的相位，然后再将补偿后的雷达回波在求和点同相叠加，才能形成聚焦于目标点 T 的合成孔径阵列。信号处理进行相位补偿使得对于每个空间点，从目标点 T 到平台空间位置的各个回波相位历程严格相等。

5.1.2　激光合成孔径雷达回波信号模型

合成孔径激光雷达在雷达平台的运动过程中，发射系统以一定的脉冲重复频率(PRF)发射激光信号，激光光束照射到场景范围内形成相应的光斑，光斑内的散射点对入射的激光信号进行后向散射，接收系统接收携带目标和环境信息的后向散射信号形成 SAL 回波，经光电探测器之后形成相应的电信号。假设激光雷达发射信号序列的数学表达式为

$$s_t(t) = \sum_{n=-\infty}^{+\infty} p(t - n \cdot \mathrm{PRT}) \tag{5-5}$$

式中，PRT=1/PRF 为脉冲重复间隔。

对于理想的线性调频信号，持续时间为 τ，振幅为常量，中心频率为 f_c，相位是时间的二次函数，则线性调频信号可以用复数形式表示为

$$p(t) = \mathrm{rect}\left(\frac{t}{\tau}\right) \mathrm{e}^{\mathrm{j}2\pi(f_c t + \frac{1}{2}\gamma t^2)} \tag{5-6}$$

式中，$\mathrm{rect}(t) = \begin{cases} 1 & |t| \leqslant 1/2 \\ 0 & |t| > 1/2 \end{cases}$，$t$ 为时间变量，单位为 s；γ 为线性调频率，单位为 Hz/s。

理想情况下，不考虑环境因素下单点目标的雷达信号回波表示为

$$s_r(t, \eta) = \sum_{n=-\infty}^{+\infty} p(t - n \cdot \mathrm{PRT} - \tau_x) \tag{5-7}$$

式中，t 称为全时间，表示雷达对场景目标进行探测的任意时刻；$\eta = n \cdot \mathrm{PRT}$ 称为慢时间，表示方位向激光脉冲的发射时刻；$t - n \cdot \mathrm{PRT}$ 是以发射时刻为起点的时间，称为快时间。$\tau_x = 2R(x)/c$，$R(x)$ 为目标与雷达之间的距离(即斜距)，x 为目标沿雷达飞行方向的坐标。

本振信号是发射信号经过一定延时得到的，设本振延时距离为 R_{loc}，则本振信号表示为

$$s_1(t, \eta) = \sum_{n=-\infty}^{+\infty} p(t - n \cdot \mathrm{PRT} - \tau_1) \tag{5-8}$$

式中，$\tau_1 = 2R_{\text{loc}}/c$。

回波信号与本振信号经相干平衡探测之后得到的中频信号，即 SAL 成像的原始数据模型（正侧视）为

$$\text{ss}(t,\eta) = \text{rect}\left(\frac{t - n \cdot \text{PRT} - \tau_x}{\tau}\right)\exp\left(-\text{j}\frac{4\pi f_c}{c}R_\Delta\right)$$
$$\cdot \exp\left[-\text{j}\frac{4\pi\gamma}{c}\left(t - n \cdot \text{PRT} - \frac{2R_{\text{loc}}}{c}\right)R_\Delta\right]\exp\left(\text{j}\frac{4\pi\gamma}{c^2}R_\Delta^2\right) \tag{5-9}$$

式中，$R_\Delta = R(x) - R_{\text{loc}}$ 表示瞬时斜距与本振延时距离的差值。

图 5.2 为正侧视合成孔径激光雷达的成像几何模型[2]，其中 A 点为雷达的起始位置，坐标记为 $(0, R(0))$。当某时刻 η（η 为激光脉冲发射时刻，即慢时间）雷达平台移动到位置 B，其坐标为 $(x, R(x))$，$R(x)$ 为雷达平台与成像目标之间的瞬时斜距。点目标 T 的坐标为 (x_T, R_T)，R_T 为平台与目标间的最短斜距。

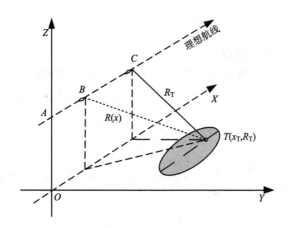

图 5.2　合成孔径激光雷达成像几何模型

由图 5.2 可知，任意时刻的雷达平台沿航向坐标为

$$x = V\eta \tag{5-10}$$

式中，V 为雷达平台的飞行速度。

由几何关系，点 B 到目标的瞬时斜距为

$$R(x) = \sqrt{R_T^2 + (x - x_T)^2} \tag{5-11}$$

随着雷达平台沿 X 方向移动，瞬时斜距 $R(x)$ 随着慢时间 η 不断变化，即 R 是 η 的函数，将式(5-10)代入式(5-11)得

$$R(\eta) = \sqrt{R_T^2 + (V\eta - x_T)^2} \tag{5-12}$$

通常情况下，合成孔径激光雷达的最短斜距 R_T 总要比 $x - x_T$ 大很多，在此条

件下有以下近似:

$$R(\eta) = \sqrt{R_T^2 + (V\eta - x_T)^2} \approx R_T \left[1 + \frac{(V\eta - x_T)^2}{2R_T^2} \right] \tag{5-13}$$

从上式可以看出,随着雷达平台的移动,点目标 T 到雷达孔径相位中心的瞬时斜距会不断地发生变化,瞬时斜距的改变会导致方位向不同脉冲之间的相位调制,这种相位调制就是合成孔径处理能获得高方位向的必要条件。与此同时,瞬时斜距的变化将会导致 SAL 成像的原始数据出现扭曲现象,即所谓的距离单元徙动(RCM),距离向数据和方位向数据之间产生耦合。

在式(5-9)中包括三个指数项。第一个指数项为 SAL 原始数据在方位向的多普勒相位,即由雷达平台和目标之间的相对运动产生的多普勒项。第二个指数项是回波信号和本振信号相干后在距离向形成的单频脉冲线,其频率值为 $-2\gamma R_\Delta / c$,该频率值与目标瞬时斜距和本振延时距离之差成正比。对于某个固定的本征延时距离,第二个指数项的频率值就和目标的斜距成正比。第三个指数项称为剩余残差项,对于线性调频信号,解线性调频后产生的是单频信号,不同距离的散射点得到的单频信号频率也不同,不同的频率分量在时间上是错开的。剩余相位误差的存在将会导致多普勒值的少许改变,影响方位向的聚焦,因此需要对不同距离门的原始数据进行相应的剩余残差相位补偿以获得良好的聚焦图像。

5.1.3　啁啾信号相干混频基本原理

合成孔径激光雷达系统一般采用大时宽带宽积的线性调频信号来获得高的距离向分辨率,方位向的分辨率则依靠对多普勒近似线性调频信号进行匹配滤波来获得,方位向上的采样率即为脉冲重复频率。

线性调频信号(LFM 信号,即啁啾信号)易于产生、便于处理且对多普勒频移不敏感。啁啾信号的相干混频是距离向脉冲压缩(解线性频调)的基础,也是成像的第一步。当两个严格线性调频(啁啾)脉冲信号在时域上有延时差,且延时不超过脉冲的时间相干长度时,两个信号经过光纤耦合器发生相干混频,再进入平衡探测器被接收,能够得到与二者延时对应的单频信号,如图 5.3 所示[3]。纵坐标为频率,横坐标为时间(脉冲时域),故可由发射信号和接收信号的延时计算出与目标间的距离。

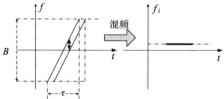

图 5.3　线性调频信号相干混频原理示意图

为保证相干效率，光纤耦合器和光纤均采用偏振保持器件（以下简称保偏）。目标回波信号与本振信号二者的单次相干探测接收过程如下。

信号源发射的信号为线性调频信号，即频率随时间线性变化的信号，以频率随时间线性减少为例，如式(5-5)所示：

$$f(t) = f_c - \frac{B}{T}t = f_c - K_r \cdot t \tag{5-14}$$
$$(0 \leqslant t \leqslant T)$$

则发射的啁啾信号时域波形为

$$p(t) = E_s \text{rect}\left(\frac{t}{\tau}\right)\exp\left\{-j2\pi\left[\int f(t)dt\right]\right\} = E_s \text{rect}\left(\frac{t}{\tau}\right)\exp\left[-j2\pi\left(f_c t - K_r \frac{t^2}{2}\right)\right] \tag{5-15}$$

经过一段距离，被目标反射或散射，经过延时 Δt_s 后的目标回波信号为

$$s(t) = E_s \text{rect}\left(\frac{t - \Delta t_s}{\tau}\right)\exp\left\{-j2\pi\left[f_c(t - \Delta t_s) - K_r \frac{(t - \Delta t_s)^2}{2}\right]\right\} \tag{5-16}$$

且设定的经过较小特定延迟 Δt_l 的本振信号为

$$L(t) = E_s \text{rect}\left(\frac{t - \Delta t_l}{\tau}\right)\exp\left\{-j2\pi\left[f_c(t - \Delta t_l) - K_r \frac{(t - \Delta t_l)^2}{2}\right]\right\} \tag{5-17}$$

式中，延时均与距离对应，即目标回波信号延时 $\Delta t_s = \dfrac{2R_s}{c}$，本振信号延时 $\Delta t_l = \dfrac{2R_l}{c}$。

由式(5-16)和式(5-17)得到，目标回波信号与本振信号混频后被平衡探测器接收，可得到两者的差频信号为

$$S_{IF}(t) = E_{DC} + E_{IF\_S}\cos[2\pi K_r(\Delta t_s - \Delta t_l)(t - \Delta t_l) + 2\pi f_c(\Delta t_s - \Delta t_l) - \pi K_r(\Delta t_s - \Delta t_l)^2] \tag{5-18}$$

式中，$E_{DC} \propto (P_s + P_l)$ 为平衡探测器输出的直流分量，$E_{IF\_S} \propto \sqrt{P_s \cdot P_l}$ 为平衡探测器输出的交流分量振幅部分，P_s 为目标回波信号的功率，P_l 为本振信号的功率。

式(5-18)中的交流部分的相位项中包含三个部分。

第一部分为相干探测所得到的目标回波信号频率值（即拍频），写成

$$f_s = K_r(\Delta t_s - \Delta t_l) = \frac{2K_r}{c}(R_s - R_l) \tag{5-19}$$

因此平衡探测器输出的是频率与距离成正比的单频脉冲，根据频率值 f_s 来区分距离单元。该部分 $(t - \Delta t_l)$ 中的 t 为脉冲的时域持续时间，也即合成孔径雷达中所称的快时间。

第二部分为合成孔径所需要的方位向有用信号，写成

$$\phi_a = 2\pi f_c(\Delta t_s - \Delta t_1) = \frac{4\pi}{c} f_c(R_s - R_1) \tag{5-20}$$

第三部分为剩余残差项，写成

$$\phi_c = \pi K_r(\Delta t_s - \Delta t_1)^2 = \frac{4\pi}{c^2} f_c(R_s - R_1)^2 \tag{5-21}$$

它为二次方的相位常数项，对相干探测的频率值不会造成影响，因此对合成孔径的距离向分辨也不会造成影响，但在合成孔径雷达方位向的处理中，会影响方位向的相位，使得方位向的多普勒值发生变化，必须补偿掉。

总之，两个线性调频信号(啁啾信号)可以通过相干混频的方式，得到频率与延时相对应的单频信号，通过检测该频率值可以计算出该延时所对应的距离。

5.2　合成孔径激光雷达成像算法

合成孔径激光雷达的主要目的是要得到场景区域的目标散射特性的二维分布，而成像算法则相当于成像的"解算"过程。合成孔径雷达的成像算法有很多种，主要包括距离-多普勒算法(R-D 算法)、Chirp Scaling 算法、ωK 算法、SPECAN 算法等，其中距离-多普勒算法是为民用星载合成孔径雷达开发的第一个成像处理算法，至今仍在广泛使用，合成孔径激光雷达也在沿用合成孔径雷达的成像算法。

5.2.1　距离-多普勒成像算法

距离-多普勒成像算法以脉冲压缩理论为基础，根据距离向和方位向之间的大尺度时间差异，利用距离徙动校正消除距离向和方位向之间的耦合，对二者进行近似分离处理，使得二维处理过程分解为两个一维处理的级联形式，达到高效的模块化处理要求，同时又具备一维操作的简便。

距离徙动是合成孔径成像算法中的关键问题，产生的根源是雷达平台与目标之间的相对运动，如图 5.4 所示。随着平台的移动，雷达与目标之间的瞬时斜距不断发生变化，同一点目标在雷达接收机中位于不同的距离门内，当目标和雷达间的斜距变化量超过一个距离单元时，对应的回波延时也不同，经距离压缩之后，方位向不同位置处的目标频率位置就分散于相邻的几个距离门内，因此在成像中需要进行距离徙动的校正。

距离-多普勒成像算法的基本思想是将二维处理分解为两个一维处理的级联，其特点是对每个方位向上的原始脉冲信号进行距离压缩，将距离压缩后的数据沿方位向作 FFT 变换到距离-多普勒域，然后进行距离徙动校正和方位压缩。

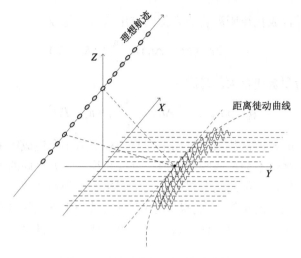

图 5.4　雷达平台与目标的瞬时斜距

距离-多普勒成像算法的流程如图 5.5 所示，其主要步骤包括：距离向压缩、距离徙动校正、方位向压缩。

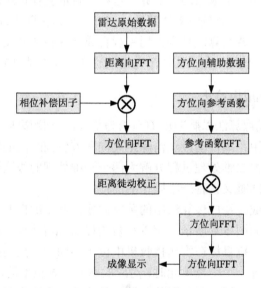

图 5.5　距离-多普勒成像算法的流程图

1. 距离向压缩

当合成孔径雷达的发射信号为线性调频信号时，SAR 成像处理中的距离向脉冲压缩可以采用匹配滤波和解线频调两种方式。当采用匹配滤波进行距离向脉冲压缩时，接收机接收的是完整的信号，接收信号经 A/D 采集后转化为数字信号，再用数字信号处理方法实现距离向压缩。由合成孔径激光雷达的分辨理论可知，SAL 的距离向分辨率由发射信号带宽决定，而为满足奈奎斯特采样定律，A/D 采集的采样速率至少要达到发射信号带宽的两倍，这无疑增加系统对硬件设备的要求，增大数据量。解线频调则是采用光分束器从发射信号分离出一小部分作为参考信号，与回波信号进行相干混频，混频之后中频信号的频率被大大降低，从而大大减小系统的采样率，同时也降低后续信号处理的运算量。通常，合成孔径激光雷达的发射信号带宽要达到几纳米，甚至数十纳米，光斑覆盖范围为米量级，解线频调后的中频信号带宽比发射信号带宽要小得多，因此，合成孔径激光雷达的距离向压缩采用解线频调方式。

根据上述的雷达回波信号模型，在一个脉冲重复周期内，雷达原始数据为频率与 R_Δ 成正比的单频脉冲。对解线频调后如式 (5-9) 所表示的信号作傅里叶变换即可完成距离向压缩，如图 5.6 所示。

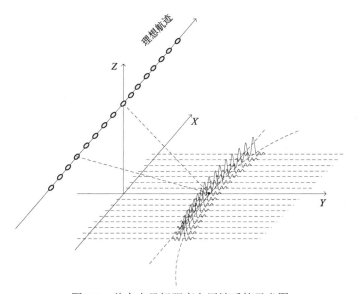

图 5.6　单个点目标距离向压缩后的示意图

距离压缩后的信号数学表达可以表示为

$$Ss(f_r, \eta) = \int_{\tau_1 - \frac{\tau}{2}}^{\tau_1 + \frac{\tau}{2}} ss(t, \eta) \exp[-j2\pi f_r(t - \tau_1)]dt$$

$$= \exp(-j\frac{4\pi f_c}{c} R_\Delta) \exp(j\frac{4\pi \gamma}{c^2} R_\Delta^2)$$

$$\cdot \int_{\tau_1-\frac{\tau}{2}}^{\tau_1+\frac{\tau}{2}} \mathrm{rect}\left(\frac{t-n\cdot\mathrm{PRT}-\tau_x}{\tau}\right)\exp\left[-\mathrm{j}\frac{4\pi\gamma}{c}\left(t-n\cdot\mathrm{PRT}-\frac{2R_{\mathrm{loc}}}{c}\right)R_\Delta\right]\exp[-\mathrm{j}2\pi f_{\mathrm{r}}(t-\tau_1)]\mathrm{d}t$$

$$(5\text{-}22)$$

对上式积分得

$$\mathrm{Ss}(f_r,\eta)=\tau\,\mathrm{sinc}\left[\tau\left(f_r+\frac{2\gamma}{c}R_\Delta\right)\right]\exp\left(-\mathrm{j}\frac{4\pi f_{\mathrm{c}}}{c}R_\Delta\right)$$

$$\cdot\exp\left(\mathrm{j}\frac{4\pi\gamma}{c^2}R_\Delta^2\right)\exp\left[-\mathrm{j}2\pi\tau_1\left(f_r+\frac{2\gamma}{c}R_\Delta\right)\right]$$

$$(5\text{-}23)$$

分析可知,上式为宽度为 $1/\tau$ 的 sinc 窄脉冲信号,其峰值点位于 $f_{\mathrm{r}}=-\dfrac{2\gamma}{c}R_\Delta$,由此也可以得到距离向原始信号经脉冲压缩后得到的距离向分辨率为

$$\rho_r=\frac{c}{2\gamma}\times\frac{1}{\tau}=\frac{c}{2\gamma\tau}=\frac{c}{2B}$$

$$(5\text{-}24)$$

式(5-23)中的第二个指数项为剩余残差项,是解线频调所特有的。剩余残差项的存在会稍微改变原始信号的方位向多普勒值,从而影响方位向多普勒值的正确加权,因此必须予以补偿。由于距离向压缩后的数据为宽度为 $1/\tau$ 的 sinc 窄脉冲信号,峰值点位于 $f_{\mathrm{r}}=-\dfrac{2\gamma}{c}R_\Delta$,因此剩余残差项的补偿只需要补偿峰值点的误差相位即可。即需要补偿的相位 φ_{comp} 为

$$\varphi_{\mathrm{comp}}=-\frac{4\pi\gamma}{c^2}R_\Delta^2$$

$$(5\text{-}25)$$

对应的补偿函数 S_{comp} 为

$$S_{\mathrm{comp}}=\exp(-\mathrm{j}\varphi_{\mathrm{comp}})=\exp\left(\frac{4\pi\gamma}{c^2}R_\Delta^2\right)$$

$$(5\text{-}26)$$

因此得到剩余残差项补偿后的距离向压缩数据的表达式为

$$\mathrm{Ss}_{\mathrm{comp}}(f_{\mathrm{r}},\eta)=\mathrm{Ss}(f_r,\eta)S_{\mathrm{comp}}$$

$$=\tau\,\mathrm{sinc}\left[\tau\left(f_r+\frac{2\gamma}{c}R_\Delta\right)\right]\exp\left(-\mathrm{j}\frac{4\pi f_{\mathrm{c}}}{c}R_\Delta\right)\exp\left[-\mathrm{j}2\pi\tau_1\left(f_r+\frac{2\gamma}{c}R_\Delta\right)\right]$$

$$(5\text{-}27)$$

在峰值处 $f_{\mathrm{r}}=-\dfrac{2\gamma}{c}R_\Delta$,$\left|\mathrm{Ss}_{\mathrm{comp}}(f_r,\eta)\right|$ 取最大值,即

$$\mathrm{Ss}_{\mathrm{comp}}\left(-\frac{2\gamma}{c}R_\Delta,\eta\right)=\left|\mathrm{Ss}_{\mathrm{comp}}(f_r,\eta)\right|_{\max}=\tau\exp\left(-\mathrm{j}\frac{4\pi f_{\mathrm{c}}}{c}R_\Delta\right)$$

$$(5\text{-}28)$$

　　考虑到方位向上所有回波脉冲信号进行处理, 可将上式看成是在雷达平台运动过程中的方位向的采样, 即

$$\mathrm{Ss}(\eta) = \tau \exp\left(-\mathrm{j}\frac{4\pi f_{\mathrm{c}}}{c}R_{\Delta}\right) = \tau \exp\left[-\mathrm{j}\frac{4\pi f_{\mathrm{c}}}{c}(R(\eta) - R_{\mathrm{l}})\right] \tag{5-29}$$

该式得到的数据就是方位向处理所需要的数据, 其中 $R(\eta)$ 为 $R(\eta) = \sqrt{R_{\mathrm{T}}^2 + (V\eta - x_{\mathrm{T}})^2}$。

2. 距离徙动校正

由 $R(\eta) = \sqrt{R_{\mathrm{T}}^2 + (V\eta - x_{\mathrm{T}})^2}$ 可知, 瞬时斜距 $R(\eta)$ 随方位时间(即慢时间) η 变化, 也就是说在整个激光光斑照射时间内的目标轨迹经过不同的距离单元, 这种现象称为距离单元徙动。距离单元徙动使得距离向和方位向数据发生耦合, 增大了信号处理的复杂度, 但这又是合成孔径雷达的固有特性, 正是这种随时间的斜距变化使方位信号具有调频特性。

将式 $R(\eta) = \sqrt{R_{\mathrm{T}}^2 + (V\eta - x_{\mathrm{T}})^2}$ 在 $\eta = \eta_{\mathrm{T}}$ 处展开成泰勒级数形式为

$$R(\eta) = R_{\mathrm{T}} + R'(\eta)|_{\eta=\eta_{\mathrm{T}}} (\eta - \eta_{\mathrm{T}}) + \frac{1}{2}R''(\eta)|_{\eta=\eta_{\mathrm{T}}} (\eta - \eta_{\mathrm{T}})^2 + \cdots \tag{5-30}$$

式中, $\eta_{\mathrm{T}} = \dfrac{x_{\mathrm{T}}}{V}$ 表示点目标对应的方位向时刻。

式(5-30)的相位函数对慢时间 η 的变化率就是多普勒频率, 即

$$f_{\mathrm{dc}} = -\frac{1}{2\pi}\frac{\mathrm{d}\left[\frac{4\pi f_{\mathrm{c}}}{c}(R(\eta) - R_{\mathrm{l}})\right]}{\mathrm{d}\eta} = -\frac{2f_{\mathrm{c}}}{c}R'(\eta) \tag{5-31}$$

由式(5-31)可得

$$R'(\eta) = -\frac{\lambda}{2}f_{\mathrm{dc}}, \quad R''(\eta) = -\frac{\lambda}{2}\frac{\mathrm{d}f_{\mathrm{dc}}}{\mathrm{d}\eta} = -\frac{\lambda}{2}k_{\mathrm{a}} \tag{5-32}$$

式中, $k_{\mathrm{a}} = -\dfrac{\mathrm{d}f_{\mathrm{d}}}{\mathrm{d}\eta}$ 为多普勒调频斜率。

把式(5-32)代入式(5-30)并忽略高次项得

$$R(\eta) = R_{\mathrm{T}} - \frac{\lambda}{2}f_{\mathrm{d}}(\eta - \eta_{\mathrm{T}}) - \frac{\lambda}{4}k_{\mathrm{a}}(\eta - \eta_{\mathrm{T}})^2 \tag{5-33}$$

则距离徙动量为

$$R(\eta) - R_{\mathrm{T}} = -\frac{\lambda}{2}f_{\mathrm{d}}(\eta - \eta_{\mathrm{T}}) - \frac{\lambda}{4}k_{\mathrm{a}}(\eta - \eta_{\mathrm{T}})^2 \tag{5-34}$$

上式中等式左边的第一项为距离徙动项, 第二项为距离弯曲项。当 SAL 为正

侧视时，多普勒中心频率 f_{dc} 为 0，即不存在距离徙动问题，但距离弯曲在任何情况下都会存在。

于是得到多普勒调频斜率 k_a 为

$$k_a = \frac{\mathrm{d}f_d}{\mathrm{d}\eta} = -\frac{2V^2}{\lambda R_T} \tag{5-35}$$

在一个合成孔径时间内，取 $\eta - \eta_T = \pm\frac{T_{SA}}{2}$，而 $T_{SA} = \frac{\lambda R_T}{D_T V}$（$D_T$ 表示孔径大小），则正侧视条件下，最大的距离徙动量为

$$\left| R(\eta) - R_T \right|_{\max} = \left| -\frac{\lambda}{4}\left(-\frac{2V^2}{\lambda R_T} \right)\left(\frac{\lambda R_T}{2D_T V} \right)^2 \right| = \frac{\lambda^2 R_T}{8D_T^2} \tag{5-36}$$

实际处理中，由于距离徙动项的影响较大，徙动项通常采用插值处理；而距离弯曲项的影响较小，可采用直线拟合方式，在频域利用直线对点目标的方位频谱曲线进行分段拟合，然后将这些拟合的直线搬移到一条直线上。距离徙动校正后，信号沿方位向的轨迹由曲线变成直线，如图 5.7 所示，方位压缩成为一维处理过程。

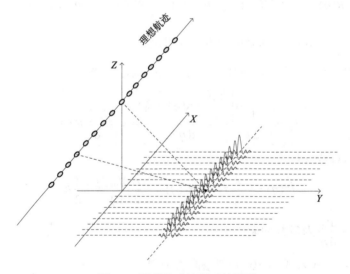

图 5.7   距离徙动校正后的图像

根据合成孔径雷达成像理论，当最大距离徙动量小于距离分辨单元的 1/4 时不需要进行距离徙动补偿[4]，即

$$\frac{\lambda^2 R_T}{8D_T^2} \leqslant \frac{1}{4}\rho_r = \frac{c}{8B} \tag{5-37}$$

即 SAL 的距离徙动判据为

$$\frac{\lambda^2 R_{\mathrm{T}}}{D_{\mathrm{T}}^2} \leqslant \frac{c}{B} \tag{5-38}$$

3. 方位向压缩

SAL 成像中，为获得高分辨率的方位向成像，必须将回波信号的多普勒信号进行相干处理，利用整个带宽进行侧视处理使方位向分辨率达到二分之一孔径大小的理论极限。距离多普勒算法中，通常采用匹配滤波器进行方位向的聚焦。

根据 SAL 的成像几何模型，将式(5-13)代入式(5-29)得，$\left| \eta - \dfrac{x_{\mathrm{T}}}{V} \right| \leqslant \dfrac{T_{\mathrm{SA}}}{2}$ 时，

$$
\begin{aligned}
\mathrm{Ss}(\eta) &= \tau \exp\left[-\mathrm{j}\frac{4\pi f_{\mathrm{c}}}{c}(R(\eta) - R_{\mathrm{loc}}) \right] \\
&= \tau \exp\left\{ -\mathrm{j}\frac{4\pi f_{\mathrm{c}}}{c}\left[R_{\mathrm{T}} + \frac{(V\eta - x_{\mathrm{T}})^2}{2R_{\mathrm{T}}} - R_{\mathrm{loc}} \right] \right\} \\
&= \tau \exp\left[-\mathrm{j}\frac{4\pi f_{\mathrm{c}}}{c}(R_{\mathrm{T}} - R_{\mathrm{loc}}) \right] \exp\left[-\mathrm{j}\frac{2\pi V^2}{cR_{\mathrm{T}}}f_{\mathrm{c}}(\eta - \eta_{\mathrm{T}})^2 \right]
\end{aligned} \tag{5-39}
$$

将式 $R(\eta) = \sqrt{R_{\mathrm{T}}^2 + (V\eta - x_{\mathrm{T}})^2} \approx R_{\mathrm{T}}\left[1 + \dfrac{(V\eta - x_{\mathrm{T}})^2}{2R_{\mathrm{T}}^2} \right]$ 代入上式得

$$\mathrm{Ss}(\eta) = \tau \exp\left[-\mathrm{j}\frac{4\pi f_{\mathrm{c}}}{c}(R_{\mathrm{T}} - R_{\mathrm{l}}) \right] \exp[\mathrm{j}\pi k_{\mathrm{a}}(\eta - \eta_{\mathrm{T}})^2] \quad \left| \eta - \frac{x_{\mathrm{T}}}{V} \right| \leqslant \frac{T_{\mathrm{SA}}}{2} \tag{5-40}$$

根据匹配滤波理论，方位压缩的匹配滤波器为上式的复共轭，即

$$h_{\mathrm{a}}(\eta) = \exp(-\mathrm{j}\pi k_{\mathrm{a}}\eta^2) \tag{5-41}$$

将 $\mathrm{Ss}(\eta)$ 和 $h_{\mathrm{a}}(\eta)$ 进行相关运算得

$$\chi(\eta_{\mathrm{T}}) = \int_{\eta_{\mathrm{T}} - \frac{T_{\mathrm{SA}}}{2}}^{\eta_{\mathrm{T}} + \frac{T_{\mathrm{SA}}}{2}} \mathrm{Ss}(\eta) h_{\mathrm{a}}(\eta - \tau_0)\mathrm{d}\eta \tag{5-42}$$

式中，τ_0 为相关处理中的一个固定延时。

将式(5-40)和式(5-41)代入式(5-42)得

$$
\begin{aligned}
\chi(\eta_{\mathrm{T}}) = {}&\tau \exp\left[-\mathrm{j}\frac{4\pi f_{\mathrm{c}}}{c}(R_{\mathrm{T}} - R_{\mathrm{l}}) \right] \\
&\cdot \int_{\eta_{\mathrm{T}} - \frac{T_{\mathrm{SA}}}{2}}^{\eta_{\mathrm{T}} + \frac{T_{\mathrm{SA}}}{2}} \exp[\mathrm{j}\pi k_{\mathrm{a}}(\eta - \eta_{\mathrm{T}})^2] \exp[-\mathrm{j}\pi k_{\mathrm{a}}(\eta - \tau_0)^2]\mathrm{d}\eta
\end{aligned} \tag{5-43}
$$

经计算得

$$\chi(\eta_{\mathrm{T}}) = \tau \exp\left[-\mathrm{j}\frac{4\pi f_{\mathrm{c}}}{c}(R_{\mathrm{T}} - R_{\mathrm{l}})\right]$$
$$\cdot \exp[-\mathrm{j}\pi k_{\mathrm{a}}(\tau_0 - \eta_{\mathrm{T}})^2]\sin\mathrm{c}[\pi k_{\mathrm{a}}T_{\mathrm{SA}}(\tau_0 - \eta_{\mathrm{T}})] \tag{5-44}$$

对 $\chi(\eta_{\mathrm{T}})$ 取模得

$$|\chi(\eta_{\mathrm{T}})| = \tau \,|\, \mathrm{sinc}[\pi k_{\mathrm{a}}T_{\mathrm{SA}}(\tau_0 - \eta_{\mathrm{T}})]| \tag{5-45}$$

从上式可以看出,方位向压缩后的输出信号幅度为如图 5.8 所示的 sinc 函数。雷达原始数据经距离多普勒算法之后得到复图像,对复图像取模就得到 SAL 的二维图像。

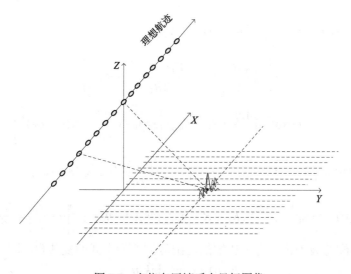

图 5.8　方位向压缩后点目标图像

根据式 (5-44),方位向压缩后方位向的多普勒带宽 Δf_{d} 为

$$\Delta f_{\mathrm{d}} = k_{\mathrm{a}}T_{\mathrm{SA}} = \frac{2V^2}{\lambda R_{\mathrm{T}}}\frac{\lambda R_{\mathrm{T}}}{D_{\mathrm{T}}V} = \frac{2V}{D_{\mathrm{T}}} \tag{5-46}$$

即对应的 sinc 函数的脉冲宽度为 $1/\Delta f_{\mathrm{d}}$。

因此,SAL 的方位向分辨率 ρ_{a} 为

$$\rho_{\mathrm{a}} = V \cdot (1/\Delta f_{\mathrm{d}}) = D_{\mathrm{T}}/2 \tag{5-47}$$

理论上,SAL 的方位向分辨率仅与孔径大小有关。

5.2.2　相位梯度自聚焦成像算法

"运动是合成孔径技术的依据,也是产生问题的根源"。平台振动将会使合

成孔径激光雷达的相位中心发生改变，从而引起不必要的相位误差分量，影响多普勒频谱的频率特性，使孔径合成变得难以实现，甚至根本就不能成像[5]。因此必须对平台振动引起的相位误差进行补偿。

当运动传感器的测量精度不能满足 SAR 高分辨率成像需求时，人们就开始研究各种自聚焦算法，从回波数据中提取运动误差，如地图漂移法(map drift, MD)、反射移位法(reflectivity displacement, RDM)、对比度最优自聚焦(contrast optimization autofocus, COA)算法、相位梯度自聚焦(phase gradient autofocus, PGA)算法[6, 7]等。其中，相位梯度自聚焦算法由于不需要依赖具体的相位误差模型，可以估计任意的高阶相位误差，具有较好的鲁棒性而得到广泛应用。

相位梯度自聚焦算法主要是通过在合成孔径复图像域与距离-多普勒域之间的迭代处理完成方位向相位误差梯度的估计，然后对相位误差梯度进行累加得到相位误差的估计值，再用这个估计值对散焦图像进行相位误差校正，得到聚焦图像，其基本步骤如图 5.9 所示。

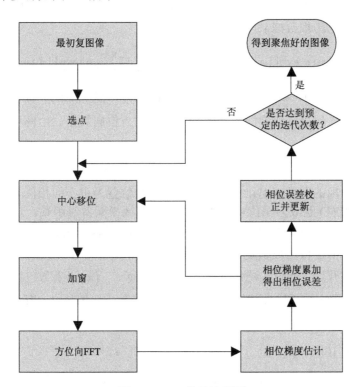

图 5.9　PGA 算法流程图

PGA 算法假设在模糊的复图像的存在几行的数据(对应方位向数据)中有唯一特显点存在，即该点的能量占优。考虑任一包含特显点的距离单元，下标 r 为

距离单元的序号，并且假设该距离单元内的特显点位于 $k = k_0$ 处，该距离单元的复图像域数据模型为[8]

$$f_r(k) = A_r \delta(k - k_0) + w(k) \tag{5-48}$$

式中，$w(k)$ 是一个随机过程，表示来自其他散射点的杂波。特显点的幅度 A 和横向位置 k_0 随距离单元不同而不同。通常可认为合成孔径成像处理算法中的横向压缩算法可以近似为距离压缩相位历程数据的傅里叶变换，即通过傅里叶变换得到方位聚焦后的图像 $f_r(k)$，这也被称为非聚焦式合成孔径成像。

忽略杂波后的相应的相位历程数据 $y_r(m)$，就是图像横向维的逆傅里叶变换，即

$$y_r(m) = \mathrm{IFFT}\{f_r(k)\} = \frac{A_r}{K}\exp\left(\mathrm{j}\frac{2\pi}{K}k_0 m\right) \tag{5-49}$$

式(5-49)为没有相位误差情况下的相位历程，其中，K 为方位向的数据点数。

当存在相位误差 $\phi_r(m)$ 时，$y_r(m)$ 被相位误差调制函数 $\exp[\mathrm{j}\phi_r(m)]$ 所调制，则调制后的相位历程数据 $y_{r\_e}(m)$ 为

$$y_{r\_e}(m) = \exp\left[\mathrm{j}\phi_r(m)\right] \cdot y_r(m) = \frac{A_r}{K}\exp\left[\mathrm{j}\frac{2\pi}{K}k_0 m\right]\exp\left[\mathrm{j}\phi_r(m)\right] \tag{5-50}$$

用 $E_r(k)$ 表示相位误差调制函数 $\exp[\mathrm{j}\phi_r(m)]$ 的傅里叶变换，含有相位误差的相位历程数据的傅里叶变换即为实际的复图像的方位向数据。由傅里叶变换的调制性质，可得

$$f_{r\_e}(k) = \mathrm{FFT}\{y_{r\_e}(m)\} = A_r E_r(k - k_0) \tag{5-51}$$

这样点目标的图像就退化成为以点目标所在位置为中心的相位误差函数的傅里叶变换。$E_r(k)$ 就成为相位误差所引入的图像域模糊效应函数，进而独立的点目标图像带有 $E_r(k)$ 的波形信息，也就带有相位误差函数 $\phi_r(m)$ 的信息。

被模糊后的图像域数据是 PGA 算法开始的出发点。PGA 算法从找到 $f_{r\_e}(k)$ 的峰值幅度点开始，假设该峰值就在 $k = k_p$ 处，使 $f_{r\_e}(k)$ 沿着方位向左圆周移位 k_p 个点，以消除因散射点位置不同而引入的多普勒频率偏移[9]，得到新的序列为

$$f_{r\_e\_p}(k) = A_r E_r(k - k_0 + k_p) \tag{5-52}$$

其相应的 IFFT 为

$$y_{r\_e\_p}(m) = \frac{A_r}{K}\exp\left[\mathrm{j}\frac{2\pi}{K}(k_0 - k_p)m\right]\exp\left[\mathrm{j}\phi_r(m)\right] \tag{5-53}$$

从上式中估计 $y_{r\_e\_p}(m)$ 的相位梯度，若使用最大似然估计器，得到相位梯度函数 $\Delta\hat{\varphi}_r[m]$ 为

$$\Delta\hat{\varphi}_r[m] = \arg\left\{y_{r\_e\_p}^*(m-1) \cdot y_{r\_e\_p}(m)\right\} \approx \varphi_r(m) - \varphi_r(m-1) \qquad (5\text{-}54)$$

再对相位梯度函数进行积分计算出相位误差为 $\hat{\varphi}_r(m)$：

$$\hat{\phi}_r(m) = \begin{cases} 0, & m = 0 \\ \displaystyle\sum_{q=1}^{m} \Delta\hat{\phi}_r(q) & \text{其他} \end{cases} \qquad (5\text{-}55)$$

利用估计得到的相位误差 $\hat{\phi}_r(m)$ 就可以校正原始慢时间域的相位历程数据 $y_{r\_e}(m)$，得到补偿后的方位向相位历程数据 $\hat{y}_{r\_e}(m)$ 为

$$\hat{y}_{r\_e}(m) = y_{r\_e}(m) \cdot \exp[-\mathrm{j}\hat{\phi}_r(m)] \qquad (5\text{-}56)$$

式中，$y_{r\_e}(m)$ 为实际模糊图像 $f_{r\_e}(k)$ 的 IFFT。

最后利用傅里叶变换变换回图像域，即可得到消除模糊的聚焦图像

$$\hat{f}_{r\_e}(k) = \mathrm{FFT}\left\{\hat{y}_{r\_e}(m)\right\} \qquad (5\text{-}57)$$

如果得到的相位误差 $\hat{\phi}_r(m)$ 是 $\phi_r(m)$ 的一个精确估计，则上式 FFT 的结果为

$$\hat{f}_{r\_e}(k) \approx A_r \delta(k - k_p) \qquad (5\text{-}58)$$

需要指出，如果模糊效应函数 $E_r(k)$ 在原点不具有峰值，即 $k_p \neq k_0$，则校正后的图像会沿着方位向相对真实的图像移位 $(k_p - k_0)$ 个点，这对图像的聚焦质量没有影响，但是会影响后续的几何定位精度。

以上校正只是利用图像中任一个包含特显点的距离单元来估计相位误差，为提高信噪比，且存在多个包含特显点的距离单元时，可以把每个包含特显点的距离单元分别估计出相位误差，再将所得的误差数据进行叠加求平均操作。

在实际应用当中，最好用窗函数来选取关于一个特显点峰值像素对称的部分方位向数据，这样可以减少噪声和同一个距离单元内的其他强像素点的影响。选取窗的大小通常决定于模糊效应函数 $E_r(k)$ 的估计宽度，且其在每次算法迭代中需要更新，因此要控制好窗函数长度与迭代次数的选取。

5.3　面向合成孔径的激光相干探测实验

作者团队长期开展合成孔径相干激光成像及数据处理系统研究[10, 11]，本节介绍开展的正侧视合成孔径激光雷达实验。首先介绍面向合成孔径的激光相干探测实验系统和数据处理流程，然后开展实验室内的静止时距离向成像实验，在取得距离向高分辨率的突破后，又开展二维成像实验，对成像结果和算法性能进行分析，最后给出本系统所取得的距离向和方位向分辨率。

5.3.1　实验系统结构

为获得太赫兹量级的超大带宽脉冲，选择可调谐激光器为脉冲发射源，用波长线性调谐信号来近似线性调频信号，并且为解决非线性调频相位误差，构建出具有目标通道、参考通道以及同步通道的三通道合成孔径激光雷达实验系统，并完成对所采集的三通道数据的距离向和方位向处理，得到聚焦的二维图像。

1.　实验系统方案

系统采用外腔可调谐激光器来发射激光线性调谐脉冲，构建三通道的合成孔径激光雷达成像实验系统，如图 5.10 所示。

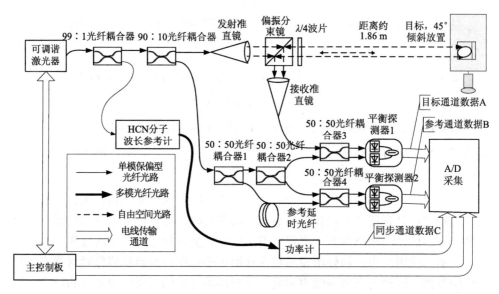

图 5.10　合成孔径激光雷达实验系统组成结构图

系统由可调谐(可线性调谐)激光器、99：1 光纤耦合器、90：10 光纤耦合器、发射准直镜、偏振分束镜、λ/4 波片、目标位移平台、接收准直镜、4 个 50：50 光纤耦合器、2 个平衡探测器、参考延时光纤、分子波长参考器、光功率计、数据采集模块和数据处理程序模块等构成。激光器发射大带宽的线性调谐激光脉冲信号，用其充当激光雷达的啁啾信号，采用零差相干探测技术和合成孔径技术，利用数据处理程序，计算得出目标的二维图像。主控制板负责与激光器通信，同时触发 A/D 模块对三通道进行数据采集。

2. 实验系统器件参数

激光器：Newfocus 公司型号 6330，线宽 300 kHz(120 μs 延时)，波长重置能力(wavelength resetability)为 0.1 nm，绝对波长精度(absolute wavelength accuracy)为 ±30 pm，功率范围 4~8 mW，波长范围 1550~1630 nm，最大调谐速度 25 nm/s，输出为偏振方向固定的激光。选用波长范围 1550~1560 nm，扫描速率 20 nm/s。

发射准直镜和接收准直镜：7 mm 直径，光束发散角为 0.016°。

目标运动平台：步进电机驱动，最小步进 5 μm。

A/D 采集模块：三通道同时采集，200 kHz，目标通道输入电压范围 ±5 V，参考通道和同步通道输入电压范围 ±10 V，16 bit 量化。

平衡探测器：Newfocus 公司型号 2017，Nirvana Detector，125 kHz 带宽，自动平衡模式，可线性输出或对数输出，这里使用的是线性输出。

HCN 分子波长参考计：Standard Reference Material 2519 a，内部气体氢氰酸 $H^{13}C^{14}N$，可校准 1530~1565 nm 的光，吸收峰的半峰宽(FWHM)为 15 pm 左右，精度可以达到 3 pm。

因为目标通道与参考通道的信号的频率在 50 kHz 以下，因此 A/D 采集的频率设为 200 kHz。平衡探测器的带宽为 125 kHz。

为保证相干效率，除了非相干的同步通道外，所有的光纤和光纤耦合器都是单模偏振保持型(简称单模保偏)器件。

因为本系统的激光是沿着水平方向入射，目标场景为 45° 角倾斜的平面，属于正侧视 SAL 的体制。由于激光发射孔径是由偏振分束镜配合 λ/4 波片来分离发射和接收通道，激光发射孔径移动起来比较麻烦，故采用移动目标的方法产生与孔径平台的相对移动效果，等效于逆合成孔径。而对正侧视的 SAL 来说，目标移动和孔径平台移动的效果都是一样的。

图 5.11 是本系统的场景覆盖示意图，在 x 方向某一个位置处发射一个脉冲，对应这个脉冲的距离向图像是光斑覆盖范围内的目标距离信息，如图中的近距离目标 T_1 和远距离目标 T_2，且距离向图像只包含光斑所覆盖的距离范围，沿着 x 方向扫描完成之后，就完成一次条带的扫描，所有的脉冲的距离向图像组合起来，形成一维的图像，再经过方位向处理就得到二维的高分辨率图像。如果要变换条带，则沿着竖直方向 z 改变孔径平台或者目标的高度即可。

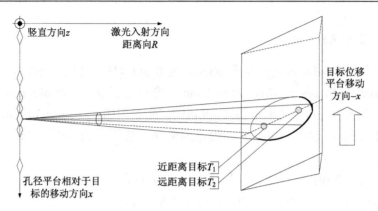

图 5.11　系统场景覆盖示意图

3. 系统功能组成

1) 发射及本振光路

由线性调谐半导体激光器、99∶1 光纤耦合器、90∶10 光纤耦合器、发射准直镜、偏振分束镜、$\lambda/4$ 波片、接收准直镜组成。激光器输出的激光束 S_0 经 99∶1 光纤耦合器分为两部分，一部分记为 S_1，另一部分记为 S_2。S_2 经 90∶10 光纤耦合器再分为两部分，一部分作为发射光记为 S_3，另一部分作为本底光记为 S_4。S_3 经发射准直镜发射，经过偏振分束镜时，一部分反射，另一大部分透射。S_3 透射部分激光通过 $\lambda/4$ 波片 6 后，光偏振方向由线偏振转换为圆偏振，经自由空间路径照射到目标上。本底光 S_4 经过 50∶50 光纤耦合器 1 被分成本振光 S_5 和参考光 S_6 两部分，本振光 S_5 经过 50∶50 光纤耦合器 2 被分成目标本振光 $S_{5\text{-}1}$ 和参考本振光 $S_{5\text{-}2}$。

2) 目标回波接收光路

目标对 S_3 透射部分激光信号反射，反射回来的信号光，记为目标回波信号 R_0，再通过 $\lambda/4$ 波片后转变为线偏振光。偏振方向与发射时经过 $\lambda/4$ 波片前的偏振方向垂直，经过偏振分束镜时，目标回波信号 R_0 大部分光被反射，反射部分经接收准直镜耦合到光纤中，记为目标回波接收信号 R_1。

3) 相干探测和平衡探测光路

共包含两个通道：一是目标回波接收信号 R_1 与目标本振光 $S_{5\text{-}1}$ 进入 50∶50 光纤耦合器 3 后耦合在一起，发生混频，被平衡探测器 1(目标通道平衡探测器) 探测接收，光信号转换为电信号，记为目标通道数据 A；二是参考光 S_6 经过一段参考延时光纤后与参考本振光 $S_{5\text{-}2}$ 再进入 50∶50 光纤耦合器 4，耦合在一起，发生混频，被平衡探测器 2(参考通道平衡探测器) 探测接收，光信号转换为电信号，记为参考通道数据 B。

4) 同步通道信号光路

被 99：1 光纤耦合器分出的信号经 HCN 分子波长参考计吸收后记为 S_{1-1}。S_{1-1} 被功率计接收，光信号转换为电信号，记为同步通道数据 C。

5) 目标位移平台

目标置于目标位移平台的 45° 角斜面上，位移平台的移动带动目标的移动。

6) A/D 数据采集模块

采用 PXI 数据采集卡对目标通道数据 A、参考通道数据 B 和同步通道数据 C 三个通道同步进行采集。

4. 光纤长度说明

由于孔径与目标的距离只有 1.86 m 左右，所以光纤长度带来的光程影响不可忽略，必须合理控制两个相干通道的光纤长度，如图 5.12 所示。99：1 光纤耦合器的各支尾纤为 1 m，90：10 光纤耦合器的各支尾纤为 1 m，50：50 光纤耦合器 1 和 2 的各支路尾纤为 0.5 m，50：50 光纤耦合器 3 和 4 的各支路尾纤为 1 m，参考延时光纤 4 m。

因此接收准直镜后增加 2 m 光纤延时，抵消掉 50：50 光纤耦合器 1 和 2 的 4 m×0.5 m 长尾纤，才有实际光程为自由空间的光路延时，即 2 倍的目标与平台间距。而参考延时光纤虽然是 4 m，但是抵消掉 50：50 光纤耦合器 2 的 2 m×0.5 m 长尾纤后，剩余的实际参考延时光纤为 3 m，光纤芯层(石英)折射率为 1.44。

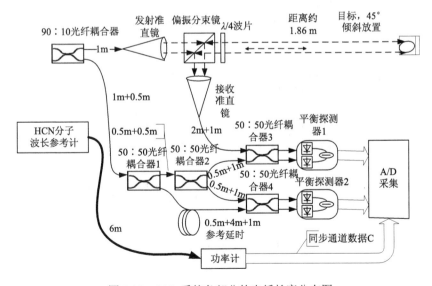

图 5.12   SAL 系统各部分的光纤长度分布图

5.3.2　数据处理流程

系统中方位向的移动与采样是基于"一步一停"模式，即平台与目标每移动一个位置，发射一个脉冲，发射脉冲时，两者无相对移动，脉冲发射完毕，移动一个相等的位置量，因此不用考虑脉冲重复频率。

根据系统参数，以及式(5-18)计算，徙动量小于距离分辨单元的1/4，因此该系统不需要进行距离徙动校正，处理步骤得以简化。图5.13是整个数据处理程序的流程图。根据系统参数，利用同步通道数据 C 对每个脉冲进行同步，在每个脉冲时间内参考通道数据 B 对目标通道数据 A 进行自适应地非线性调频相位误差补偿，再将补偿后的目标回波数据进行脉冲压缩，得到距离像，脉冲压缩后的数据通过匹配滤波算法进行方位向的聚焦，得到二维的激光合成孔径图像。

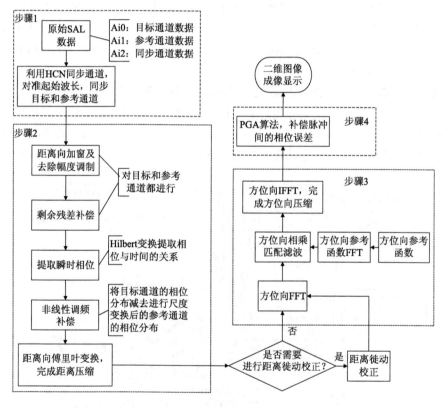

图 5.13　数据处理程序流程图

5.3.3　实验结果分析

1. 距离向分析

这里对静止时的距离向实验(一维数据)进行分析,对比两个距离目标和三个距离目标的情况。可以看出距离向非线性调频相位误差补偿方法的有效性,最后给出最小可利用功率的分析(6 个距离目标)。

系统基本参数:啁啾带宽 B 为 1.240694789 THz(即 10 nm 波长调谐范围),啁啾时宽为 0.5 s,距离 1.86 m,系统采样频率 200 kHz。

图 5.14 是目标通道数据 A 的频谱,峰宽对应 1.5 m 的距离,即分辨率为 1.5 m,根本不能应用于距离分辨。图 5.15 是参考通道数据 B 的频谱。

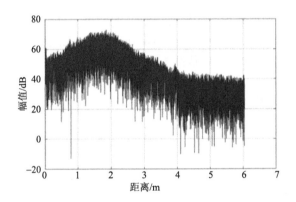

图 5.14　目标通道的频谱(三个目标)

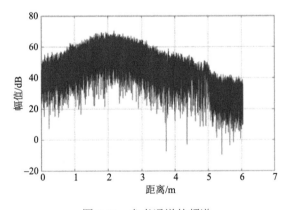

图 5.15　参考通道的频谱

图 5.16 为尺度因子(无单位)锐化函数图,峰值对应横坐标 0.801,选定此处为最佳的尺度因子。

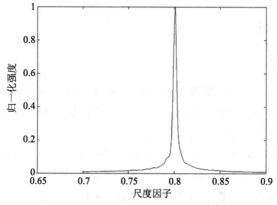

图 5.16　尺度因子锐化函数(三个目标)

　　图 5.17 是参考通道数据的相位随快时间的分布，减去理想的相位分布后，得到如图 5.18 的参考通道的相位误差分布，再将此相位误差分布乘以尺度因子，得到目标通道中的相位误差分布。从图 5.19 的目标通道中的相位分布中扣除后得到补偿后的目标通道相位误差分布，如图 5.20 所示。可以看出图 5.20 相对于图 5.19，线性度更好，高阶相位误差明显减少。

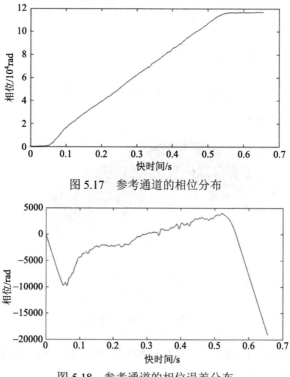

图 5.17　参考通道的相位分布

图 5.18　参考通道的相位误差分布

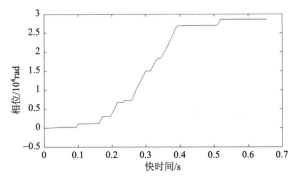

图 5.19　目标通道的相位分布

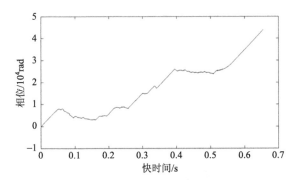

图 5.20　补偿后的目标通道相位分布

图 5.21 是依据最佳尺度因子 0.801，用参考通道所包含的相位误差补偿后的目标通道的频谱，图 5.22 是对图 5.21 沿着横坐标放大后的图。由图可看出，三个峰值的横坐标位置分别为 1.596 m、1.598 m、1.6 m，最小的幅度高出背景 10 dB 以上，且每个峰值的宽度在距离坐标上均小于 1 mm，在 0.2 mm 左右，分辨能力达到亚毫米量级，接近 120 μm 理论分辨率。

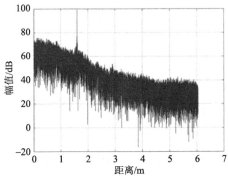

图 5.21　补偿后的目标通道频谱(三个目标)

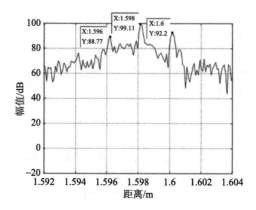

图 5.22　补偿后目标通道频谱的放大图(三个目标)

作为对比，图 5.23 和图 5.24 是对两个目标分辨的效果图。为简洁只展示补偿后的信号通道图及其放大图，从图 5.24 中可看出 1.596 m、1.598 m 处的两个峰值，峰值宽度也小于 1 mm。

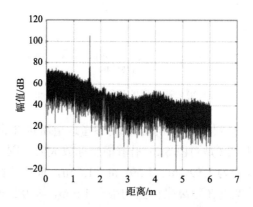

图 5.23　补偿后的目标通道频谱(两个目标)

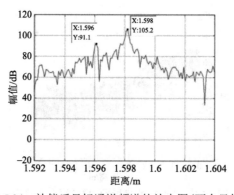

图 5.24　补偿后目标通道频谱的放大图(两个目标)

　　图 5.25 和图 5.26 为目标回波功率为 100 pW 时的补偿后的目标通道频谱图及放大图。由两图可看出信噪比仍大于 20 dB，6 个相距 1 mm 距离的目标，系统和补偿算法能得到高分辨率的距离，因此可利用的最弱回波功率优于 100 pW。

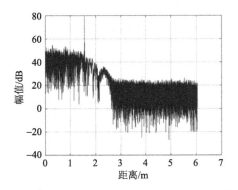

图 5.25　补偿后的目标通道频谱(回波功率 100 pW)

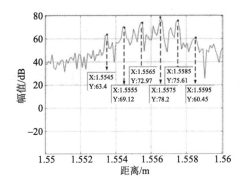

图 5.26　补偿后的放大图(回波功率 100 pW)

2. 目标二维成像

　　这里给出对目标二维成像的实验结果及分析。系统基本参数：啁啾带宽 B 为 1.240694789 THz(即 10 nm 波长调谐范围)，啁啾时宽为 0.5 s，距离 1.86 m，激光发射功率 4.2 mW。

　　对字符 X 进行成像实验，两个方向的采样：距离向三个通道采样频率为 200 kHz，三通道同时采样 1 s(每个通道 200 000 个点)，按照同步通道取出 105 001 个点；方位向步进长度为 10 μm，2048 个位置(即 2048 个脉冲)。

　　因为距离向采样频率为 200 kHz，按照 $f_i = -K_r \dfrac{2[R(t)-R_1]}{c} = -K_r \dfrac{2\Delta R(t)}{c}$ 计算对应频率坐标的距离向坐标应该为 0～6.045 m，而目标所覆盖的距离向尺度仅仅

5 mm 左右，为清晰化图像显示，下列所有二维成像图给出的都是沿着距离向的放大图（显示范围 1.546～1.555 m），方位向的尺度并没有缩放。

　　将目标做成字符 X 的形状，置于位移平台上，距离间隔 1 mm，方位向覆盖 12 mm 左右，故目标分布在 12 mm×5 mm 的区域内，如图 5.27 所示。单箭头所示方向为目标平台的运动方向，光斑从目标的左侧扫描至右侧，椭圆圈代表光斑大小。

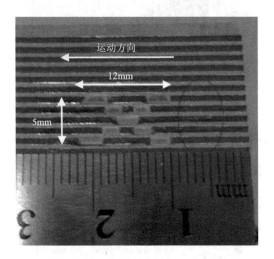

图 5.27　X 目标的实物图（见彩图）

　　图 5.28、图 5.29、图 5.30 分别是某次脉冲的目标通道、参考通道及同步通道时域波形图。图 5.31 是按照尺度因子 0.777 补偿后的目标通道频谱。可看出明显的峰值位置在 1.549 m、1.55 m、1.551 m 三处，证明距离向上有三个目标，但是 1.535～1.54 及 1.56～1.565 也都有三个比较低的峰，且对称分布。这是因为图 5.28

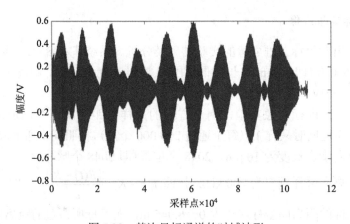

图 5.28　某次目标通道的时域波形

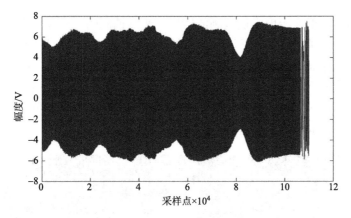

图 5.29　某次参考通道的时域波形

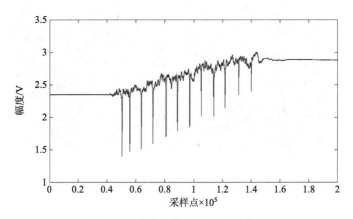

图 5.30　某次同步通道的时域波形

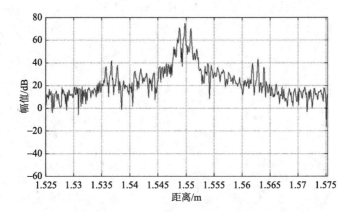

图 5.31　某次补偿后的目标通道频谱

中的目标通道波形在幅度上被调制的结果，幅度调制的信号在频谱上将真实的峰值位置沿着频率轴，分别向正负两个方向搬移而导致的伪峰，反映在二维图像上，就是"鬼影"（ghost image），又叫"重影"。可通过去除幅度调制的方法，借鉴调幅通信的检波方法先解调出该调制信号，再予以补偿，消除该伪峰。

　　图 5.32～图 5.34、图 5.36、图 5.37 是二维成像的结果图，可以看出距离向的分辨率都优于 1 mm。

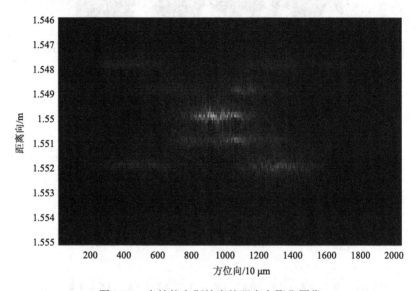

图 5.32　未补偿高斯轮廓的距离向聚焦图像

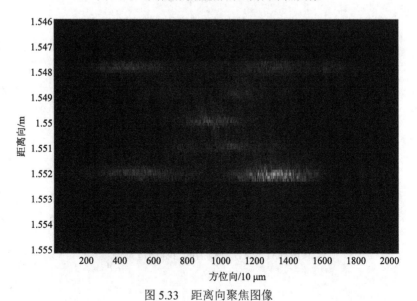

图 5.33　距离向聚焦图像

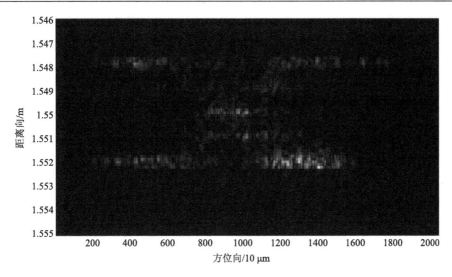

图 5.34　方位向聚焦图像

目标与图像的方向对应关系为：横向上，即方位向，目标位移平台相对于发射孔径的移动方向如图 5.27 中箭头所示，则光斑从图 5.27 中目标的左侧向右侧移动，因此所成图像的左侧均对应于目标的左侧；纵向上，即距离向，图 5.32～图5.34、图 5.36、图 5.37 中的距离向由上而下的距离值是递增的，故图像的下方与真实目标的上侧相对应。

从图 5.32 可看出，中心 1.55 m 处的图像较亮，上下暗一些。由于调整光路后的光斑的正中心是在 1.55 m 对应的真实目标处，激光光斑是高斯脉冲，虽然经过发射准直镜后光束准直，但是分布仍有高斯轮廓。沿着距离向适当补偿高斯轮廓后的图像如图 5.33 示，图像亮度变得更均匀。

图 5.34 是图 5.33 经过匹配滤波后的方位向聚焦图像，方位向图像得到压缩，亮处在横向上明显变窄，亮点更加集中。

图 5.35 是每一个距离单元的归一化幅度方差。选取最小的归一化幅度方差对应的距离单元作为特显点单元，梯度相位自聚焦(PGA)处理进行 12 次迭代，每次迭代的窗长度依次为[50 40 36 32 28 24 20 18 14 10 6 4]，得到图 5.36。图 5.37 是对图 5.36 取反色的图像。

在进行 PGA 处理时，方位向的相位误差分布随着迭代的次数增加，逐渐趋于线性，即高阶相位误差逐渐减少，证明算法有效，如图 5.38～图 5.49 所示。

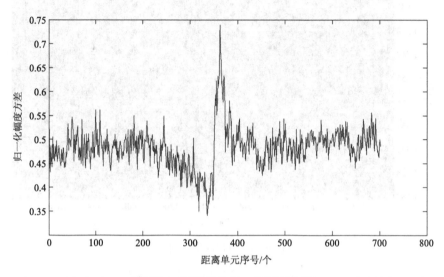

图 5.35　X 目标的归一化幅度方差

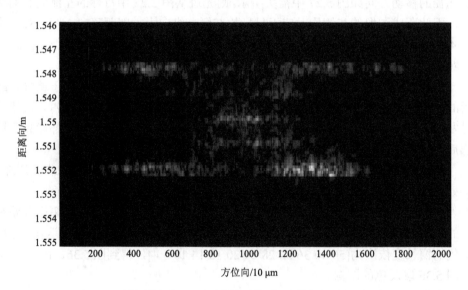

图 5.36　PGA 后的图像(12 次迭代)

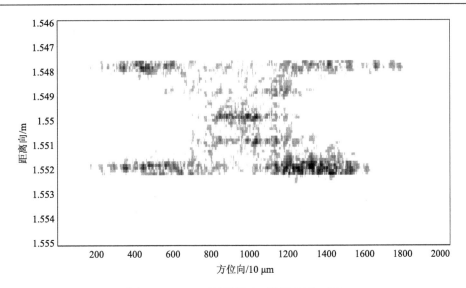

图 5.37　PGA 后的图像(12 次迭代)取反色

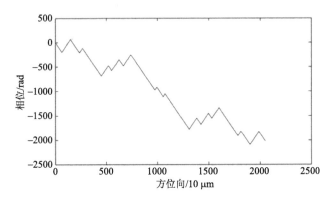

图 5.38　第 1 次迭代相位误差-窗长 50

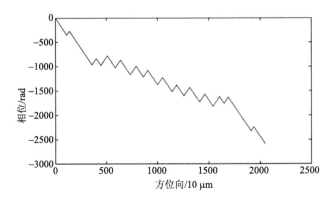

图 5.39　第 2 次迭代相位误差-窗长 30

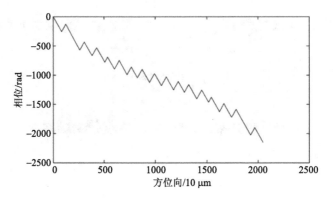

图 5.40　第 3 次迭代相位误差-窗长 36

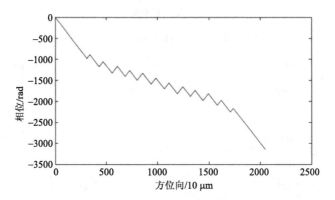

图 5.41　第 4 次迭代相位误差-窗长 32

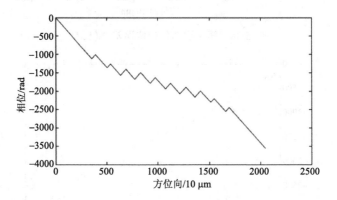

图 5.42　第 5 次迭代相位误差-窗长 28

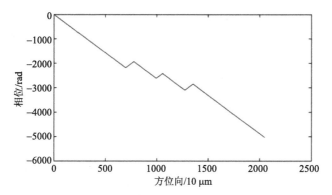

图 5.43　第 6 次迭代相位误差-窗长 24

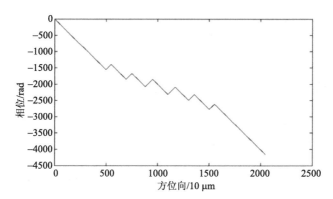

图 5.44　第 7 次迭代相位误差-窗长 20

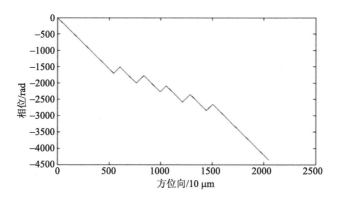

图 5.45　第 8 次迭代相位误差-窗长 18

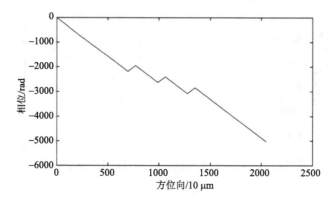

图 5.46　第 9 次迭代相位误差-窗长 14

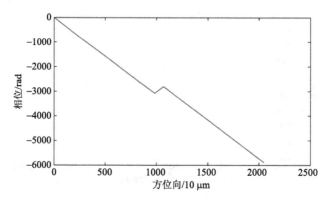

图 5.47　第 10 次迭代相位误差-窗长 10

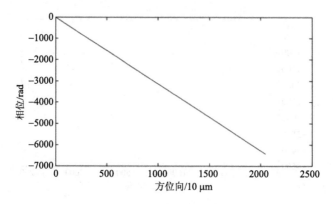

图 5.48　第 11 次迭代相位误差-窗长 6

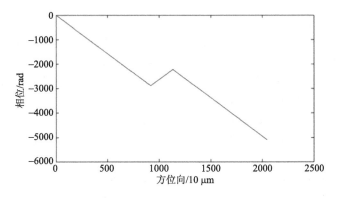

图 5.49　第 12 次迭代相位误差-窗长 4

总之，PGA 的性能受场景中的特显点距离单元影响明显。窗的大小，应依据方位向采样率来定，如果合成孔径长度内的采样点数多(或者步进长度小)，则窗长度的间隔可以适当增大一些。

3. 系统的分辨率分析

1)方位向

对字符"X"成像结果，从图 5.36 和图 5.37 中可以看出 1.548 m、1.552 m 处的方位向可以明显分辨开，对应图 5.27 的目标实物，方位向间隔为 5.2 mm、4.8 mm。

1.549 m 处的方位向可以分辨开，1.551 m 处的在方位向上连在一起，不能分辨。相应 1.549 m 处的目标实物间隔为 2 mm，1.551 处的目标实物间隔为 1.4 mm。因此，系统的方位向分辨率优于 2 mm。

2)距离向

由距离像和目标二维成像图可明显看出，在距离向相邻目标间距 1 mm 时，都能明显分辨出来，而且距离向分辨率在 0.2 mm 左右。说明分辨能力接近于式 $\rho_r = \delta(\Delta R) = \dfrac{c}{2K_r} \cdot \delta(f_s) = \dfrac{c}{2K_r} \cdot \dfrac{1}{T} = \dfrac{c}{2B}$ 计算得出的理论分辨率。因此，系统可以实现高分辨率的合成孔径激光雷达成像。

参 考 文 献

[1] Cumming I G, Wong F H. 合成孔径雷达成像: 算法与实现[M]. 洪文, 胡东辉, 等译. 北京: 电子工业出版社, 2007.

[2] 张琨锋. 合成孔径激光雷达成像算法与实验研究[D]. 上海: 中国科学院上海技术物理研究所, 2012.

[3] 徐显文. 合成孔径激光雷达成像与振动补偿关键技术研究[D]. 上海: 中国科学院上海技术

物理研究所, 2013.

[4] Maneill C E, Swiger J M. A map drift autofocus technique for correcting higher order SAR phase error[C]// 27 th Annual Tri-Service Radar Symposium Record, 1981.

[5] 徐显文, 洪光烈, 凌元, 等. 合成孔径激光雷达振动相位误差的模拟探测[J]. 光学学报, 2011, 31(5): 0512001-1-0512001-7.

[6] Berizzi F, Corsini G. Autofocusing of inverse synthetic aperture radar images using contrast optimization[J]. IEEE Transactions on Aerospace and Electronic Systems, 1996, 32(3): 1185-1191.

[7] Wahl D E, Eichel P H, Ghiglia D C, et al. Phase gradient autofocus—a robust tool for high resolution phase correction[J]. IEEE Transactions on Aerospace and Electronic Systems, 1994, 30(3): 827-835.

[8] Richards M A. 雷达信号处理基础[M]. 邢孟道, 王彤, 李真芳, 等译. 北京: 电子工业出版社, 2008: 333-335.

[9] Attia E H. Data-adaptive motion compensation for synthetic aperture ladar[C]. IEEE Aerospace Conference Proceedings, 2004: 1782-1787.

[10] 吴军, 张琨锋, 胡以华, 等. THz 级大带宽激光合成孔径雷达成像系统的数据处理方法: 201210091702.6 [P]. 2012-08-15.

[11] 徐显文, 张琨锋, 洪光烈, 等. THz 级大带宽激光合成孔径雷达成像系统: 201210086943.1 [P]. 2013-12-04.

彩　　图

图 1.7　非伪装汽车与伪装网下汽车的振动图像

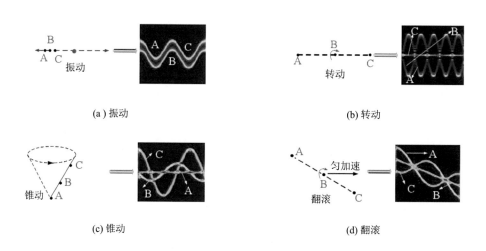

(a) 振动

(b) 转动

(c) 锥动

(d) 翻滚

图 1.8　四种典型微动

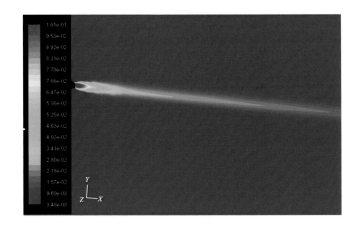

图 2.1　尾喷流 CO_2 浓度三维成分场分布（2 km 以内）

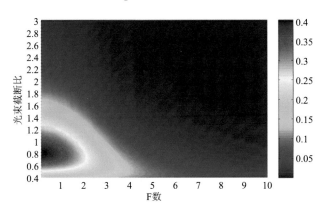

图 2.12　系统效率随系统参数的变化

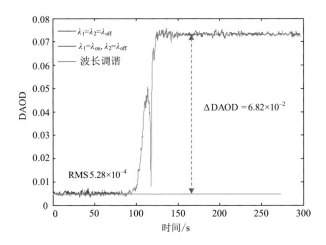

图 2.30　CDIAL 基底测试

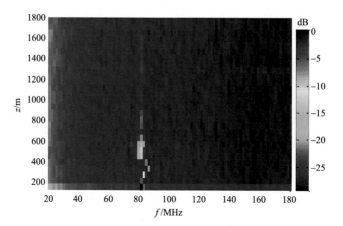

图 2.34   外场探测中频信号频域图

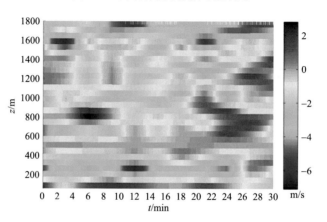

图 2.35   探测的风速时空分布图

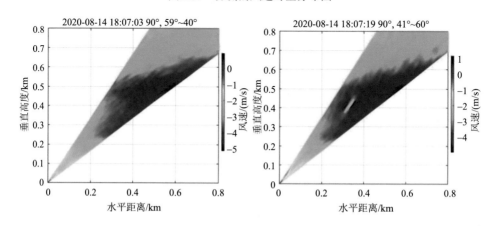

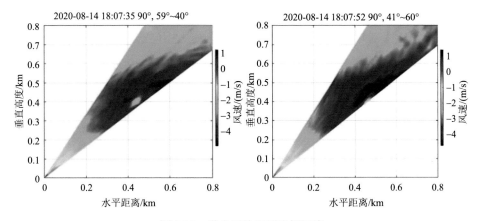

图 2.37　激光雷达观测飞机尾流

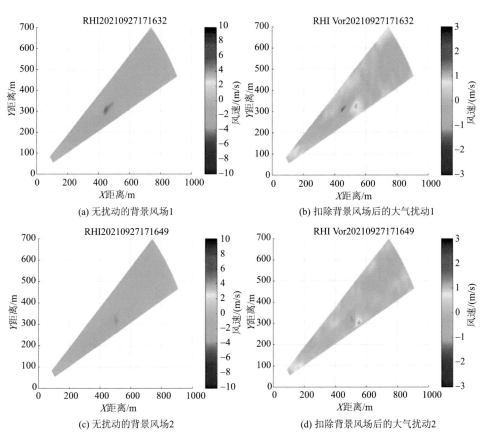

(a) 无扰动的背景风场1　　　　　　　(b) 扣除背景风场后的大气扰动1

(c) 无扰动的背景风场2　　　　　　　(d) 扣除背景风场后的大气扰动2

图 2.38　相干激光雷达观测的飞机尾流双核结构

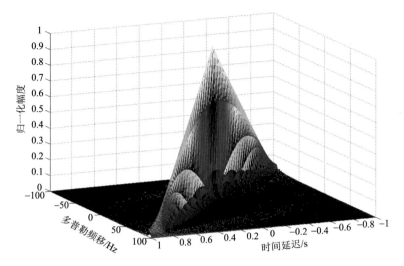

图 3.5　啁啾信号距离模糊图($T=1$，$B=100$)

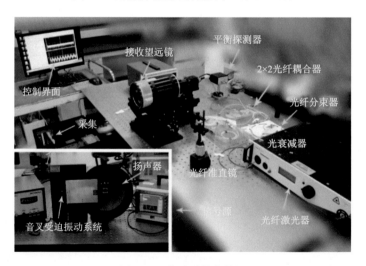

图 4.12　实验系统实物图

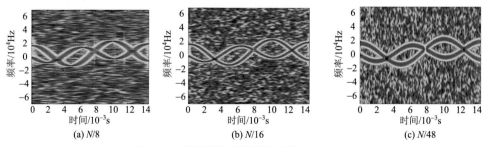

(a) $N/8$　　　　　　　　(b) $N/16$　　　　　　　　(c) $N/48$

图 4.13　不同窗长下仿真信号的 STFT 分布

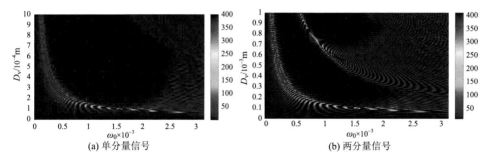

(a) 单分量信号

(b) 两分量信号

图 4.27　似然函数在参数空间分布图

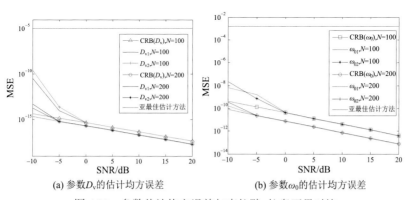

(a) 参数 D_v 的估计均方误差

(b) 参数 ω_0 的估计均方误差

图 4.30　参数估计均方误差与克拉默-拉奥下界对比

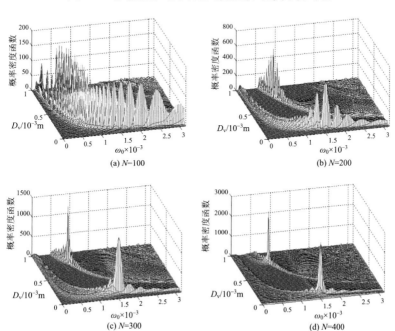

(a) N=100

(b) N=200

(c) N=300

(d) N=400

图 4.31　微多普勒信号似然函数分布与数据处理长度 N 的关系

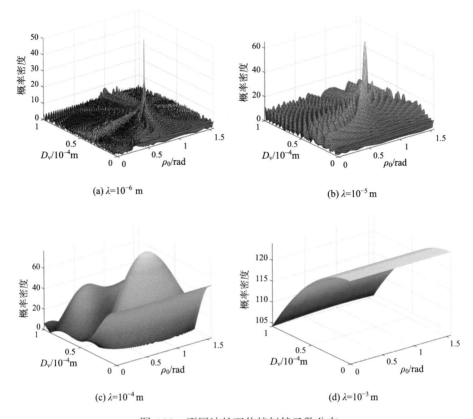

(a) $\lambda=10^{-6}$ m

(b) $\lambda=10^{-5}$ m

(c) $\lambda=10^{-4}$ m

(d) $\lambda=10^{-3}$ m

图 4.32 不同波长下传统似然函数分布

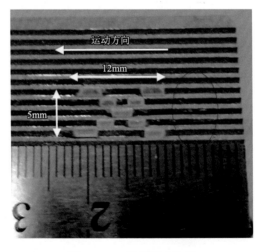

图 5.27 X 目标的实物图